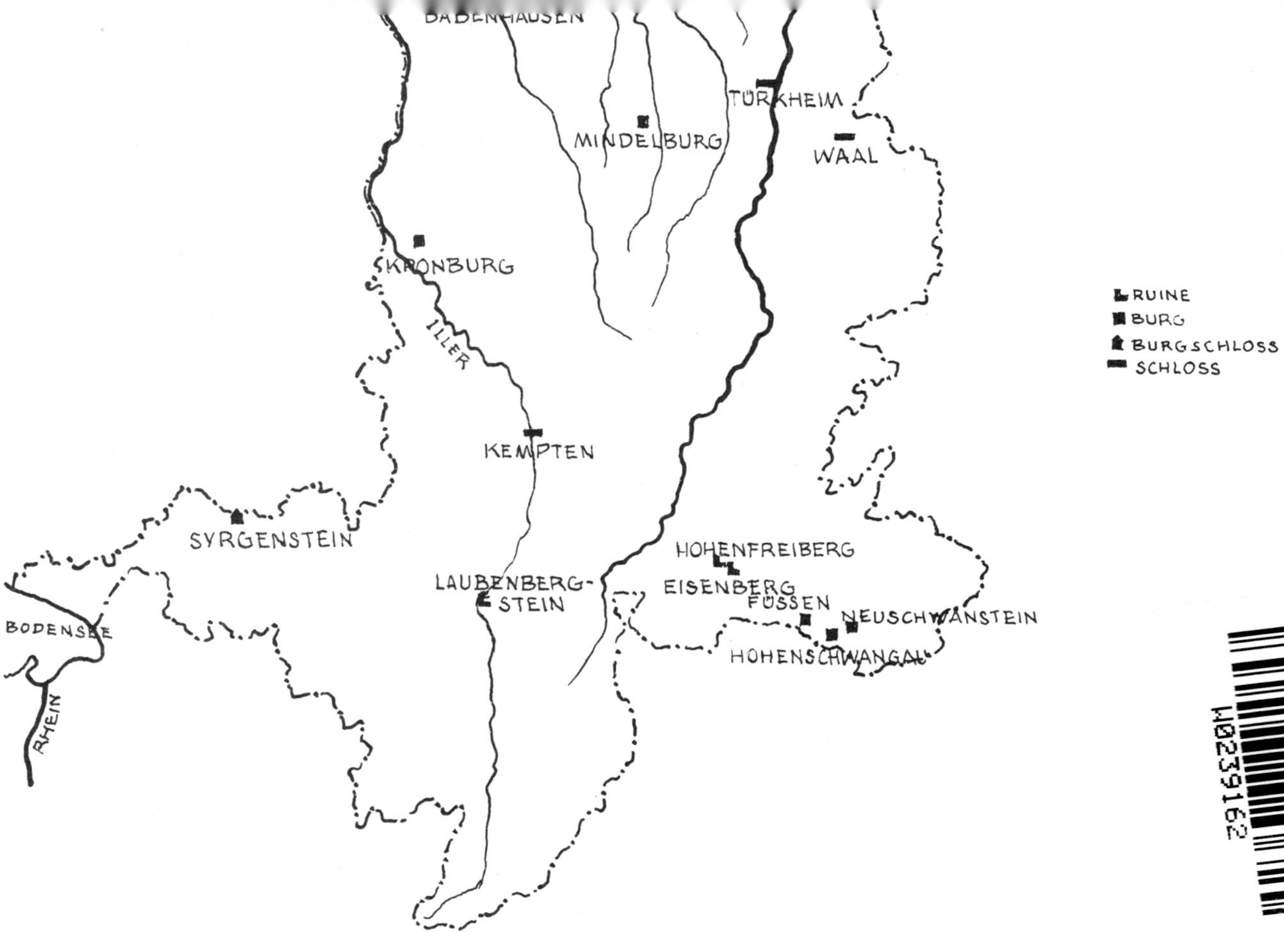
BADENHAUSEN
TÜRKHEIM
MINDELBURG
WAAL
KRONBURG
ILLER
KEMPTEN
SYRGENSTEIN
LAUBENBERG-STEIN
HOHENFREIBERG
EISENBERG
FÜSSEN
NEUSCHWANSTEIN
HOHENSCHWANGAU
BODENSEE
RHEIN
RUINE
BURG
BURGSCHLOSS
SCHLOSS

BURGEN UND SCHLÖSSER IN BAYERISCH SCHWABEN

Ein Handbuch
mit 122 Aufnahmen und 8 Farbtafeln
von Werner Meyer

Verlag Weidlich in Frankfurt am Main

Satz und Druck durch Druckerei Paul Christian KG, Horb
Vorsatzkarte von Werner Meyer, München
Printed in Germany
ISBN 3 8035 1015 5

Inhalt

Vorwort des Verfassers

Der Adelswohnsitz der Neuzeit (Renaissance und Barock) hat seinen Ursprung in Bayerisch Schwaben entsprechend der Entwicklung in deutschen Landen im mittelalterlichen Burgenbau, dessen Charakteristikum vor allem die Form des befestigten Einzelwohnsitzes im Gegensatz zu Wehranlagen für größere Gesellschaftseinheiten der Frühzeit hat. Gerade in diesem Bereich jedoch wäre in Bayerisch Schwaben an eine lange Tradition zu denken, die im Zusammenhang mit der vorliegenden Arbeit keine Berücksichtigung gefunden hat.
Man hätte dabei die zahlreichen bewehrten Plätze der keltischen Urbevölkerung zu berücksichtigen, vor allem aber auch die Siedlungen und Kastelle der Römer, die hier vierhundert Jahre in ihrer Provinz Rätien saßen, deren Hauptstadt die noch heute in gleicher Funktion stehende und blühende Stadt Augsburg, das antike Augusta Vindelicorum, war. Es wäre ferner an die frühmittelalterlichen Anlagen nach der Völkerwanderung zu denken, die mächtigen Erdkegelburgen und Wallburgen auf Geländespornen, die nur als Burgställe wenig bekannt und besucht in den Wäldern liegen.
Wenn nun das verlegerische Konzept auf die Zeit des Feudalwesens für die Reihe „Burgen und Schlösser" begrenzt wurde, so soll damit der Teil der Wehr- und Wohnbauentwicklung vorgeführt werden, für den der Wanderer, Historiker und Heimatfreund noch bestehende Bauwerke und Reste in der Landschaft antrifft.
Mit Dankbarkeit ist zu vermerken, daß die Arbeit an der vorliegenden Übersicht, bei der in gründlicherer Darstellung nur eine Auswahl bedeutender Objekte berücksichtigt werden konnte, von Anfang an das Interesse des Kreisheimatpflegers von Schwaben, Dr. Hans Frey, fand, dem auch für materielle Förderung zu danken ist. Dank gebührt vor allem auch Bibliotheksamtmann Dipl. Bibliothekarin Renate Wenck für Beratung, Korrektur und die Bereitstellung des reichen Schrifttums der Landschaft in der Studienbibliothek Dillingen, ebenso wie Dr. Elisabeth Grünenwald, Archivarin der fürstlich Oettingischen Archive Oettingen und Wallerstein, für freundliche Ratschläge und Verbesserungen. Nicht zuletzt aber gilt der Dank des Autors dem Verleger Wolfgang Weidlich, der den Band mit seinen Mitarbeiterinnen betreut und gefällig ausgestattet hat. Der freundliche Leser aber möge mit der aus Platzgründen nötigen, vom Autor getroffenen Auswahl der Objekte einverstanden sein.

Werner Meyer

Burgen und Schlösser in Bayerisch Schwaben

Die Erforschung und Betrachtung des adligen Wohnsitzes in seiner Entwicklung etwa vom Jahre 1000 bis 1900 gibt Gelegenheit, einen Sektor der Profanbaukunst an prägnanten Beispielen zu schildern, Beispielen aus einem Raum, der als Regierungsbezirk im Freistaat Bayern erst neuerdings geänderte Grenzen erhielt. Diese neuen Grenzen, die im Zuge der Gebietsreform zu Gunsten einer Verwaltungsvereinfachung nicht immer in Würdigung historischer Entwicklungen gezogen wurden, lassen die Geschichte des historischen Werdegangs als Hintergrund für die die Bautätigkeit fördernden oder hemmenden politischen und soziologischen Verhältnisse nur summarisch und mit beschränkter Gültigkeit darstellen.

Als Grenzland zwischen Bayern und Schwaben lag das Gebiet südlich der Schwäbischen Alb sowie zwischen Iller und Lech im 11. Jahrhundert, zu einer Zeit, als der Burgenbau in besonderem Maße einsetzte, im Interessenbereich der Staufer, Sachsen, Welfen und Zähringer. Als Heinrich I. wurde 974 der Bruder des Sachsenkaisers Otto I. Herzog von Bayern. Das Kerngebiet der welfischen Herrschaftsrechte lag im oberschwäbischen Argen- und Schussental, in der Umgebung von Ravensburg und Weingarten sowie am Lechrain zwischen Augsburg und Füssen und nördlich des Bodensees. Mit Welf IV., vom Stamm der jüngeren Welfen, wurden diese seit 1070 mit Unterbrechungen Herzöge in Bayern. Die Zähringer geboten über Besitzungen im Breisgau, in der Ortenau und am Oberlauf von Donau und Neckar. Staufisches Hausgut lag im Bereich von Lorch und Göppingen, die Staufer hatten Besitzungen im Unterelsass, die Hildegard aus der Grafenfamilie Mousson-Mömpelgard ihrem Gemahl Friedrich von Büren, der auch Graf im Riesgau war, zugebracht hatte. Die Donau also war gegen Süden zunächst Grenzlinie staufischen Machtbereichs, ein Umstand der besonders deutlich wurde, als Friedrich I. 1079 von Kaiser Heinrich IV. die Herzogswürde in Schwaben erhielt und sich anschickte, sein Amt und seine Würde gegen die gleich mächtigen Geschlechter durchzusetzen, die ihrerseits den Herzogstitel beanspruchten.

Die Bedeutung von Allodialgut im Ries, zu dem neben anderen Städten und Burgen auch Flochberg bei Bopfingen, Wallerstein, Harburg, Dinkelsbühl und Aufkirchen gehörten, erwies sich als Rückhalt der staufischen Machtposition besonders für Friedrich I. von Staufen in der Auseinandersetzung mit den Sachsen, Welfen und Zähringern als notwendig. Die Konfliktsituation, die auch durch Parteinahme der Großen in Schwaben einerseits für die gewählten Könige, andererseits für Gegenkönige gegeben war, bedingte kriegerische Auseinandersetzungen am Ries, die sich auf Burgen stützten. 1081 brachte Hermann von Luxemburg, Gegenkönig Heinrichs IV., vereint mit Herzog Welf IV., dem als Hüter des Reichs während Heinrichs IV. Romzug eingesetzten Friedrich Herzog von Schwaben mit dem bayerischen Pfalzgrafen Kuno bei Höchstädt an der Donau eine Niederlage bei. 1127 schlugen die Stauferbrüder Friedrich II. und Konrad, als Konrad III. später deutscher König und Kaiser, bei Donauwörth einen Angriff des Welfen Heinrich dem Stolzen, Schwiegersohn Kaiser Lothars von Supplinburg aus Sachsen, zurück. 1150 besiegte Heinrich von Staufen, Neffe Friedrichs II., des Burgenbauers, Herzog Welf VI. in der Schlacht bei der staufischen Burg Flochberg.
Konsequente Burgenlandpolitik betrieb Friedrich II., der damit das Fundament staufischer Macht schuf, auf dem aufbauend es den Staufern in mehreren Generationen gelang, ihre territorialpolitischen Ziele zu erreichen. Sie gewannen endlich die Oberhand, nachdem Friedrich Barbarossa welfisches Gut durch Kauf und Erbschaft nach dem Tode Herzog Welfs VI. gewinnen konnte. Mit dem Tode Konradins zerfiel der staufische Machtblock, das Konradinische Erbe verhalf den bayerischen Wittelsbachern zu einem ersten umfassenden Einbruch in den schwäbischen Bereich, als sie auf diesem Wege die Grafschaft Dillingen erhielten. Allmählich aber ergab sich ein buntscheckiges Kartenbild als graphischer Niederschlag äußerst vielfältiger Herrschaftsverhältnisse.
War diese Zersplitterung auch politisch verhängnisvoll, so kam andererseits die Verteilung der Macht auf eine Mehrzahl von weltlichen und geistlichen Herrschaften dem Bauwesen, insonderheit der Errichtung und Gestaltung von Burgen und Schlössern, sehr zustatten. Im Ries herrschten die Grafen, später Fürsten von Oettingen, die Reichsfeste Harburg wurde als Pfandgut ihr Eigen, an ihren Residenzorten Wallerstein und Oettingen bauten sie Burgen, in späterer Zeit prächtige Schlösser. Das Hochstift Augsburg, dem als Erbe des letzten Grafen von Dillingen Hartmann V. 1258 die Burg Dillingen zugefallen war, das die Ansprüche des bayerischen Herzogs auf die Vogtei über das Kloster und den Besitz

der Burg Füssen erfolgreich abwehren konnte, beherrschte große Gebiete in Mittel- und Südschwaben, die Fürstbischöfe residierten in Dillingen und in der Landeshauptstadt Augsburg. Andererseits saßen die Bayern in ihrer Burg Friedberg unmittelbar vor Augsburgs Toren. Der neuerdings zum Regierungsbezirk Schwaben gegebene Kreis Aichach war ureigenes bayerisches Gebiet. Hier stand die namengebende Burg der Wittelsbacher, die allerdings nach dem Königsmord Ottos von Wittelsbach in Bamberg 1209 durch seinen Vetter Herzog Ludwig I. von Bayern abgebrochen wurde. Bedeutenden Landbesitz beherrschten auch die Fürstäbte von Kempten und Ottobeuren. Ihre Residenzen standen denen der weltlichen Herren in nichts nach.

Eine besondere Stellung nahm die seit 1300 habsburgische Markgrafschaft Burgau ein, die, nachdem Kaiser Ludwig der Bayer die Belagerung der Burg Burgau 1325 ergebnislos abbrechen mußte, doch endgültig österreichisch blieb. Das prachtvolle Residenzschloß des Erzherzogs Ferdinand II. in Günzburg hat leider allen Glanz verloren. Besondere Farbigkeit verliehen dem vorerwähnten Kartenbild dann noch die zwischen den Machtblöcken eingesprengten, der Reichsritterschaft inkorporierten Herrschaften, ebenso wie der neue Geldadel, die Fugger und andere Augsburger Patrizierfamilien, bauten diese ihre Burgschlösser und kleinen Residenzen.

Von Baukunst in Schwaben kann, wie im übrigen Deutschland, mit Bezug auf ganz oder teilweise erhaltene Monumente erst die Rede sein, nachdem die Steinbauweise gegenüber dem Holzbau der Frühzeit die Vorherrschaft gewonnen hatte. Sowohl im Sakralbau wie auch im Profanbau — und hier speziell im Wehrbau — ist gewiß am Beginn mit Mischformen, d. h. mit Kombinationen aus Steinwerk und stabilisierenden Holzgerüsten zu rechnen, wie sie etwa an prähistorischen Wehrmauern oder an Fachwerkkonstruktionen zu erkennen sind.

Trockenmauern, Mauerbauten aus mörtellosen Steinsetzungen, mögen in der Zeit des hl. Ulrich in Augsburg gegen die drohende Ungarngefahr errichtet worden sein, die Baukunst als solche begann jedoch mit der Anwendung des Kalkmörtels zur Errichtung stabiler Steinmauern.

Dies aber war gerade eben die Zeit, zu der sich auch im gesellschaftlichen und politischen Leben eine Bewegung anbahnte, die zumal im Bauwesen sichtbaren Ausdruck fand. Die Burgen der Landesherren oder der Ministerialen, die Ritterburgen, die seit dem 11. Jahrhundert in wachsender Zahl entstanden, sind in der Architekturgeschichte eine einmalige, für das hohe Mittelalter charakteristische Erscheinung. Sie sind zugleich als einzige erhaltene, frühe Zeugen des Wohnbaus neben ihrer Wehrfunktion von besonderer Bedeutung. Meist handelt es sich um Höhenburgen in Spornlage oder auf Gipfeln, Wasserburgen wurden in geringerer Zahl angelegt.

Als intakte Burgen, teilweise auch mit späteren Veränderungen und Hinzufügungen, in der Masse aber als Ruinen, sind in unserem Gebiet Bauwerke dieser Art überkommen, zu den bedeutendsten unter den erhaltenen zählen, beiläufig nach der Entstehungszeit geordnet, die folgenden: Das Schloß in Dillingen* 10.–18. [1]) (Di), Harburg im Ries* 12.–18. (DoR), Mindelburg* um 1160 (UAl), Friedberg* 1247/16. (FAi), Kronburg* I 12./13. (UAl), Burgau 13./17. (Gü), Wasserburg 13./14.–18. (Li), Senftenau 13./16. (Li), Reisensburg* 10./13.–16./17. (Gü), Hohenschwangau* 13./19. (OsAl), Füssen* 13./15. (OsAl), Wertingen I* 1354/um 1500 (Di), Babenhausen*, Rechbergbau A. 14. (UAl).

Ruinen des 10.–14. sind: Schwabegg 10. (A), Falkenstein 11. (OsAl), Wallerstein* 1. H. 12. (DoR), Alerheim 12. (DoR), Großkemnath 1185 (OsAl), Helmishofen 12. (OsAl), Hohenburg 12. (Di), Niederhaus* 12. (DoR), Ober-Schönegg 12. (UAl), Oberwittelsbach 12. (FAi), Rettenberg 12. (ObAl), Rothenfels 12. (ObAl), Rothenstein 12. (UAl), Sulzberg 12. (ObAl), Graisbach 12.–18. (DoR), Altenburg 13. (Li), Alter Turm 13. (Di), Diemantstein 13. (Di), Eisenberg* 1240 (OsAl), Ellhofen 13. (Li), Hochhaus 13.–16./18. (DoR), Hohenreichen 13.–15. (Di), Hohenthann 13. (ObAl), Laubenberg-Stein* 13. (ObAl), Ringenberg 13. (Li), Schreckenmanglitz 13. (Li), Werdenstein 13. (ObAl), Wellenburg* 13. (A), Ettensberg 14. (ObAl), Fluhenstein 14. (ObAl).

Die Blütezeit des Burgenbaus lag wie ersichtlich im 12. und 13. Jahrhundert und klang im 14. Jahrhundert ab. Zu vermerken ist immerhin, daß ca. 470 Burgställe, die in diese Kategorie gehören, hier nicht namentlich aufgeführt sind. Mittlerweile vollzog sich ein entscheidender Wandel in der Gestaltung des adligen Wohnsitzes. Bedingt durch den Einsatz der Feuerwaffen boten Burgen in ihrer mittelalterlichen Form nicht mehr genügend Schutz für ihre Bewohner. Diese hingegen strebten darüber hinaus nach verfeinerter Wohnkultur und gesteigerter Repräsentation, doch konnte zunächst noch auf einen Teil der Wehrhaftigkeit nicht verzichtet werden. Bevor die Wehrfunktion aber vollends im 16. Jahrhundert der

[1]) Zahlen mit . geben das Jahrhundert an, die Orte mit * sind ausführlich behandelt.

Festung oder umgebenden Festungswerken überlassen wurde, vereinigte im 15. Jahrhundert das Burgschloß weiterhin beide Funktionen, die jedoch je nach Bestimmung der Anlage mehr oder minder überwogen. Ausgesprochenen Burgcharakter finden wir noch an den Ruinen Hohenfreyberg* 1418–1432 (OsAl) und Hugofels 1440 (ObAl) sowie am Schloß Jettingen I* um 1470–1480 (Gü), Schloß Syrgenstein* 1491 (Li), Rund- und Halbrundtürme als integrierende Bestandteile der Wohngebäude sind bereits für die Erscheinung bestimmend, bevorzugt ist als Typ der Wohnturm. Daneben aber erscheint auch bereits der langgestreckte, einflügelige Schloßbau mit Rundtürmen, die sowohl der Wehrhaftigkeit wie auch zur Aufnahme der Treppen dienten. Beispiele dafür sind die Schlösser in Lauingen 1475 beg. (Di) und Jettingen I* um 1480 (Gü), Harthausen I* um 1450 (Gü), die „alte Herrschaftsbehausung" hatte vier Ecktürme und vermutlich einen Treppenturm seitlich, als schlichter Giebelbau gehört auch Weißenhorn I 1460–1470 (NU) in diese Gruppe.

Ein durchaus gewandeltes Bild gegenüber dem Mittelalter zeigt nun der ländliche Adelssitz der Neuzeit (16.–19.) in den Stilperioden der Renaissance, des Barock, Klassizismus und der Stilimitationen. Es fällt zunächst auf, daß der Gesamtbestand verglichen mit dem des Mittelalters auf etwa ein Fünftel schrumpft. Ursachen dafür sind zunächst in den hohen Verlusten des Adelsstandes in den Kreuzzügen und den zahlreichen anderen mittelalterlichen Kriegen und Fehden zu sehen. Weiter führte die hohe Kindersterblichkeit zum Aussterben vieler Geschlechter, deren Besitz an den Lehnsherrn zurückfiel oder im Erbgang anderen Familien zukam. Nachgeborene Söhne wandten sich auch oft dem geistlichen Stande zu und blieben so ohne Nachkommen. Der allgemeine soziale Strukturwandel im 14. und 15. Jahrhundert, den Veränderungen im Kriegswesen und in der Verwaltung verursachten, brachte vielen Adligen Verarmung und Rückfall in den Bauernstand. Andere erkannten neue Erwerbsmöglichkeiten im Handel, sie zogen in die Städte, um sich dem städtischen Patriziat zuzugesellen. Endlich brachte die von den Fürsten betriebene Machtkonzentration an großen Residenzen für Adlige Existenzmöglichkeiten in Kriegs- und Zivildienst und damit Ansiedlung am Residenzort in Stadtpalais oder unmittelbar im Residenzschloß. Entlegene Burgen wurden verlassen, andere abgebrochen und durch Neubauten ersetzt, die den gewandelten Lebensformen besser entsprachen, oder sie wurden in die neuen Schloßschöpfungen einbezogen.

Vergleicht man die Schlösser des 16. Jahrhunderts untereinander, so kann man im wesentlichen vier Typen unterscheiden. Da ist der kubische, würfelförmige oder turmartige Baukörper, zunächst meist mit Staffelgiebeln und Satteldach, später mit Walmdach, fast immer mit angefügtem Wendeltreppenturm, den in der Folge innere oder äußere Treppenhäuser ersetzen. Zweitens eine gestreckte Einflügelanlage mit zwei Rundecktürmen an der Fassade, drittens der für diese Zeit besonders charakteristische Bau mit vier runden oder polygonalen Ecktürmen oder -erkern und viertens, nur in wenigen Fällen verwirklicht, die Dreiflügelanlage und die geschlosssene Vierflügelanlage mit Ecktürmen, gelegentlich Arkaden im Hof. Da die Renaissanceschlösser im Gegensatz zu den Höhenburgen nun meist im Flachland liegen, wird ein teils schützender, teils zierender Wassergraben gern angelegt.

Zum ersten Typ gehören in Schwaben die folgenden Schlösser: Zusmarshausen 1505 (A), Illertissen I* 1505 (NU), Wellenburg I* 1507 (A), Weißenhorn I 1513–1514 (NU), Schachenschlößchen 1517 (Li), Memmingerberg, Wachterschlößchen 1530 (UAl), Krumbach 1530 (Gü), Türkheim* 1523/1535 (Mi), Obenhausen M. 16. (NU), Reutti 1550 (NU), Mering 16. (FAi), Schmiechen 16. (FAi), Mattsies 1. H. 16. (UAl), Biberachzell 16./18. (NU), Pöttmes 16. (FAi), Gundelfingen, Schlachtegg 1555 (Di), Gansheim 1556 (DoR), Leipheim* 1556–1559 (Gü), Harthausen II* 1560 (Gü), Ichenhausen II 1566 (Gü), Neuburg K.* 1567 (Gü), Leitershofen 1575 (Gü), Neubronn 1577 (NU), Lierheim 1579–1584 (DoR), Oberbechingen 1584 (Di), Gailenbach 1592 (A), Illertissen II* 1595 (NU), Unterfinningen 2. H. 16. (Di), Tagmersheim um 1600 (DoR), Unterthingau um 1600 (OsAl).

Zum zweiten Typ gehören die Schlösser: Oberndorf 1540 (DoR), Gablingen 16. (A), Hochaltingen 1591 (DoR), Reimlingen 1595 (DoR), Blumenthal* 2. H. 16. (FAi), Holzschwang 2. H. 16. (NU), Kleinerdlingen um 1600 (DoR).

Den dritten Typ vertreten die Schlösser: Bächingen 1531 (Di), Harthausen II* 1565 (Gü), Waal* 2. H. 16. (OAl), Pfersee 1579 (A), Bissingen 2. H. 16. (Di), Unterdiessen 16./17. (OsAl).

Zum vierten Typ gehören die Schlösser: Glött 1550 (Di), Haslangkreit* um 1560 (FAi), Günzburg 1577/1580 (Gü), Haunsheim I* 1604 (Di), Osterberg 16./17. (UAl), Babenhausen II* 1541–1543 (UAl), Höchstädt* um 1600 (Di), Jettingen II* um 1600 (Gü), Kronburg II* M. 16. (UAl), Kirchheim* 1578—1585 (UAl), Markt M 16. (A).

In der ersten Hälfte des 17. Jahrhunderts stagniert der Schloßbau in Schwaben, es scheint eine gewisse Sättigung eingetreten zu sein. Ein beträchtliches Hindernis für die Bautätigkeit war gewiß auch der Dreißigjährige Krieg. In dieser Periode wurden Schlösser in Hirschbrunn 1600 bis 1607 (DoR), Eberstall 1602 (Gü), Grönenbach 1628 (UAl) und Fellheim 1635 (UAl) erbaut, Hirschbronn und das letztere als Rechteckbau mit vier Ecktürmen bzw. Eckerkern. Ersatz für Vernichtetes oder Beschädigtes und ein gewisser Nachholbedarf, wie er gleichzeitig auch beim Neubau von Kirchen und Klöstern zu verzeichnen ist, belebte in der zweiten Hälfte des 17. Jahrhunderts auch die Bautätigkeit auf dem Schloßbausektor aufs neue. In diesem Zeitraum entstanden als schlichte Kubustypen: Hindelang 1652 (ObAl), Unterknöringen 17. (Gü), Waldstetten 17. (Gü), Inningen E. 17. (A), Oettingen, neues Schloß* 1679–1687 (DoR), Leitheim II* 1745 (DoR), Ichenhausen 1697 (Gü), Altenberg 1693 (Di), Hammel 17./19. (A). Als Typ mit zwei Rundecktürmen: Wertingen* 1654 (Di) und endlich als geistliche Residenz: Kempten* 1651–1668 (UAl) und als zum Schlosse verwandelter Klosterbau: Edelstetten 1682–1705.

Im 18. Jahrhundert entwickelten die Schloßbaumeister neben dem vorherrschenden sachlichen Kubustyp von gedrungenen bis zu gestreckten Proportionen den Typ der symmetrischen Dreiflügelanlage um einen Ehrenhof. Die Flügelbauten waren dabei mit dem stets gestreckt rechteckigen, mehrgeschossigen Hauptgebäude als schlichte eingeschossige Trakte entweder unmittelbar verbunden oder in kurzem Abstand frei daneben gestellt. Diese in Schwaben leider seltene Schloßform, die als galante Geste des freundlichen Empfangs sich als Adelswohnsitz am entschiedensten von der rauhen, abweisenden mittelalterlichen Burg unterschied, war in besonderer Weise der Spiegel des vom verfeinerten höfischen Wesen geprägten Zeitgeistes. Das günstige wirtschaftliche Klima brachte trotz mannigfacher Kriegswirren eine vorteilhafte Entwicklung für den Schloßbau, der in der Vielzahl von Neubauten seinen Ausdruck fand.

Zum Kubustyp gehören die Schlösser: Burgau 1704 (Gü), Autenried 1710 (Gü), Weizern 1711 (OsAl), Möhren 1711 (DoR), Kleinkötz 1712 (Gü), Mergenthau 1714 (FAi), Wagegg 1715 (UAl), Sonthofen 1725 (ObAl), Schwabmünchen 1726 (A), Leitershofen 1728 (A), Hainhofen 1730 (A), Beuren 1730 (NU), Tapfheim 1730 (Di), Burtenbach 1737 (Gü), Hardt 18. (A), Weißenhorn III 1735 (NU), Grünenfurt 1737–1738 (UAl), Künersberg 1741 (UAl), Leitheim II* 1745 (DoR), Großkötz 18. (Gü), Inningen 18. (A), Staufen 18. (Di), Offingen 1748 (Gü), Bedernau 1764/65, Hausen 1768 (NU), Meitingen 1768 (FAi), Lenzfried (St. Mang) 1770 (UAl), Göggingen, Graf Seysselsches Schlößchen 1786–1788 (A), Ettelried 1792 (A). Zu den Zwei-, Drei- und Vierflügelanlagen zählen: Hohenaltheim* 1711 (DoR), Leitershofen 1730–1740, Harthausen III*

1761 (Gü), Wallerstein, Residenz* 16./18. (DoR), Augsburg, bischöfliche Residenz 18. (A), Untermeitingen um 1800 (A), — Niederraunau 1727 (Gü), Seyfriedsberg 1709 (Gü), Amerdingen* 1784–1788 (DoR), Bickenried 1764 (OsAl), Wallerstein, ehem. Witwensitz 1803–1810 (DoR), auch noch klassizistisch Fünfstetten 1817–1825 (DoR), — Marktoberdorf 1723 (OsAl), als zum Schloß verwandelter Klosterbau: Roggenburg 1732 (NU).
Die verminderte Bedeutung des Adels in Regierung und Verwaltung wirkte sich im 19. Jahrhundert auch auf die Schloßbauunternehmungen aus. Neubauten wurden kaum noch geplant, man paßte sich im inneren Ausbau und in der Neugestaltung von Fassaden wechselnden Stilmoden an. Hier spielte neben dem sog. Altdeutschen Stil, der Renaissanceimitation, vor allem der Rückgriff auf Formen des Mittelalters eine Rolle, mit deren Anwendung wohl Symbole der Herrlichkeit vergangener Macht dargestellt werden sollten. In diese Gruppe gehören die schwäbischen Schlösser: Haldenwang 1839 (Gü), Wellenburg II* 1855 (A), Haunsheim* um 1870 (Di), Klingenburg 1878 (Gü), Guggenberg 18./19. (A), und als klassische Beispiele für die Neugotik und Neuromantik: Hohenschwangau* 1833–1838 und der Neubau Neuschwanstein* 1868–1886 (OsAl).
Bisher war nur von den Landsitzen des Adels die Rede, der Vollständigkeit halber sollen hier auch kurz die Stadtpalais erwähnt werden, die als Behausungen der Hofbeamten an Residenzorten wie Augsburg, Dillingen, Kempten und Wallerstein entstanden. Die meisten haben ihre ursprüngliche Bestimmung verloren und sind zu Amts- oder Miethäusern umfunktioniert. Als hervorragende Beispiele können hier die Fuggerhäuser 1512–1515 und das Schaezler-Haus* 1765–1767 in Augsburg gelten, letzteres heute Museum und Gemäldegalerie.
Wechselnde Staats- und Gesellschaftsformen, gewandelte Zweckbestimmungen der Bauwerke, Entwicklung des Kriegswesens, der Politik, der Verwaltung, endlich auch der Wandel des Geschmacks, der in jeweiligen Stilepochen seinen Ausdruck fand, bedingten die Erscheinungsformen von Burgen und Schlössern in Schwaben im Laufe der Jahrhunderte. Doch stand diese Kategorie der Architektur nicht isoliert, vielfältig sind Verbindungen zur Stadt- und Ortsbefestigung, zum Sakralbau und zum Wohnbau der Bauern und Bürger, denn letzten Endes wirkten Elemente aus allen Bereichen in Formen und Organisation bei der Gestaltung von Burgen und Schlössern mit. Als hervorragende Bau- und Geschichtsdenkmäler bilden die Burgen und Schlösser Schwabens eine wesentliche Gruppe des heimatlichen, bayerischen Kulturerbes.

1 Burgschloß Dillingen

Dillingen, eine Burg, von der in der „vita sancti Udalrici" berichtet wird, Ulrich Bischof von Augsburg habe hier im Jahre 973 seinen Neffen Richwin besucht, wurde zunächst nicht am Ort des heutigen Schlosses in der Donaustadt vermutet. Das nahegelegene, abgegangene Dorf Oberdillingen, dessen Pfarrkirche St. Martin bis ins 19. Jahrhundert bestand, ist durch seinen Namen als eine alemannische Siedlung der Landnahmezeit ausgewiesen, eine unmittelbar benachbarte Wehranlage konnte angenommen werden. Jedoch fehlt hier jegliche Spur im Gelände, dagegen lassen Stadt und Schloß Dillingen insgesamt im Grundriß einen Burgentyp er-

kennen, der zur Zeit der Ungarneinfälle im 10. Jahrhundert üblich war, den man als Landesburg bezeichnet.
Burgen dieses Typs hatten die Aufgabe, Sammelpunkte des Heerbanns zu sein, das heißt, eine große Zahl von Reiterkriegern beherbergen zu können und dazu noch als Zuflucht der Landbevölkerung zu dienen. Mehrere Areale in gesicherter Umwallung waren demnach vonnöten, und zwar in einem gewissen Schema angeordnet, wobei als zwei kleinere eine Kernburg und eine Vorburg als Wirtschaftshof, dazu aber als dritte Einheit großräumig ein weiter Sammelraum kam.
Eben diese drei Elemente lassen sich im Grundriß der gegenwärtigen Stadt nachweisen, die Kernburg als das bestehende Schloß, der Wirtschaftshof, die spätere Vorburg, gegenwärtig die Brauerei und der Sammelraum in Gestalt des Altstadtkernes, der als planmäßige Stadtgründung in diesen leeren Raum gestellt, wohl seit dem 12. Jahrhundert die Bevölkerung des Dorfes Oberdillingen aufnahm.
Urkundliche Nennung, topographische Spuren und politische Motivierung lassen ein Gründungsdatum für die Burg im 10. Jahrhundert als gesichert erscheinen. Da der überkommene Baubestand in das 12. Jahrhundert zu stellen ist, muß zu dieser Zeit die erste Verwandlung der ursprünglichen Wallburg in einen festen Mauerbau vollzogen worden sein. Unverändert blieben die Gräben, teils sichtbar, teils überwölbt oder eingefüllt erhalten, ihr Verlauf bezeichnet untrüglich das Urschema der Anlage.
Herrschaft übte hier zur Gründungszeit ein Grafengeschlecht, sein Sitz lag im benachbarten Wittislingen, von der dortigen Burg verblieb noch als Kirchturm der Bergfried. Auch die Existenz dieser Grafen wird durch die „vita sancti Udalrici" bestätigt. Der kurz nach seinem Tode heilig gesprochene Bischof von Augsburg, Ulrich, war ein Glied dieser gräflichen Familie, die zu den Vertrauten Kaiser Ottos I. gehörte. Ein Auftrag zur Burgengründung an den Bruder Ulrichs und seinen Neffen ist im Zusammenhang mit der drohenden Ungarngefahr sehr wahrscheinlich, der aus der Hochterrasse ins weite Donautal hineinragende Geländesporn unweit des Dorfes Oberdillingen, der möglicherweise zuvor Platz einer heidnischen Kultstätte war, ergab eine ideale Burgstelle.
Außer über das überkommene Grabensystem kann über die Burg des 10. Jahrhunderts nichts ausgesagt werden, wahrscheinlich waren die drei erwähnten Areale mit hohen Erdwällen umzogen, möglicherweise gab es auch bereits Trockenmauern aus Bruchstein, wie sie für die Bischofsstadt Augsburg bezeugt sind. Mit Sicherheit traten Mörtelmauern aus sauber

bearbeiteten Buckelquadern im 12. Jahrhundert an die Stelle der Wälle. Als Ringmauer der Burg stehen sie noch voll aufrecht, desgleichen die beiden Bergfriede und der allerdings später stark veränderte, zwischen beide eingefügte Palas. Ebenso aber findet sich in Resten noch die durchaus gleichartige und darum auch gleichzeitige Stadtmauer. Zu dieser Zeit benannte sich das in der Burg sitzende Grafengeschlecht bereits von Dillingen, ob eine lückenlose Verbindung über zwei Jahrhunderte zu den Erbauern bestand, konnte nicht erwiesen werden.
1258 übergab der letzte Sproß des Dillinger Grafenhauses, Hartmann V. als Bischof von Augsburg sein gesamtes väterliches Erbe dem Hochstift Augsburg. Seither saßen zunächst gelegentlich, vom 15. bis 18. Jahrhundert ständig, die Bischöfe von Augsburg in ihrer festen Burg, die sie im Lauf der Zeit zu einem prächtigen Schloß ausbauten. Wenn auch spätere Jahrhunderte ihre Spuren hinterließen, so blieb die mittelalterliche Erscheinung doch bestimmend bis zur Gegenwart.

2 *Barbakantor am westlichen, im 15. Jahrhundert angelegten Zugang zur Burg Dillingen. In der Nische Steinmadonna, wohl von Gregor Erhard.*

Erste Veränderungen wurden im 15. Jahrhundert unter dem Bischof Petrus von Schaumberg vollzogen, der dem Palas feste Gewölbe einfügte und das Bistumsarchiv darin unterbringen ließ. Es folgte unter den Bischöfen Johann von Werdenberg, Friedrich von Zollern und Heinrich von Lichtenau die Verwandlung der mittelalterlichen Burg zum prächtigen gotischen Burgschloß. Friedrich II. von Zollern, der eine große Schloßkapelle in den ursprünglichen Torweg stellte und die Burg an der Westseite aufschloß, bewirkte dadurch eine völlige Umorientierung des Zugangs.

Bauherren der Renaissance, die die Umbauung des ganzen Hofes entlang der Ringmauer vollendeten, waren u. a. Kardinal Otto Truchsess von Waldburg, Erbauer des „Heiligen Turmes", Diplomat, Kunstsammler, Kämpfer für die Gegenreformation und in diesem Zusammenhang Begründer der Universität Dillingen. Johann von Gemmingen, der die beträchtlichen Schäden nach dem Brand von 1595 beseitigen ließ, dabei durch an den Säulen angebrachte Wappen im Ostflügel Friedrich von Zollern als ersten Bauherrn dieses Traktes dokumentierte. Heinrich von Knöringen, Auftraggeber für die emblematische Deckenmalerei im kleinen Rittersaal. Diese, in ihrer Art ein Unikum, ist eine Komposition in 40 Rautenfeldern aus Emblemen nach Vorbildern aus Joachim Camerarius Werk „Symbola et Emblemata", Nürnberg 1590/93/96, die nach einem leider nicht erkennbaren Programm, der Bischof wohl selbst zusammenstellte. Dabei wurden aus den vier Bänden jeweils aus zweien (dem der Säugetiere und dem der Pflanzen) je 20 Vorlagen ausgewählt.

Bereicherung der Wohnräume, vor allem der Schloßkirche durch Wessobrunner Stukkaturen, veranlaßte Bischof Christoph von Freyberg in den 80er Jahren des 17. Jahrhunderts. Endlich betraute Bischof Johann Schenk von Stauffenberg seinen Baumeister Johann Caspar Bagnato mit der schier unerfüllbaren Aufgabe, dem uneinheitlich zusammengewachsenen Schloß eine möglichst geschlossene Gestalt im Geiste barocker Fassadensymmetrie zu geben. Dies Bemühen galt vor allem dem Nordflügel und wurde durch Öffnung dieses Bauteils zur Stadt und eine von Zwerchhäusern und Giebeln an der Front und im Hof gestalteten Architektur, so gut es die Umstände zuließen, erfüllt.

Die Säkularisation setzte aller Pracht bischöflicher Hofhaltung ein jähes Ende, nach und nach zogen Ämter — Forst, Finanz, Justiz — in die entleerten Räume, die zunächst zur Verwahrung der requirierten Klosterbibliotheken gedient hatten, und richteten sich ihren Bedürfnissen entsprechend ohne viel Rücksicht auf den historischen Bestand ein. Eine in den letzten Jahren erfolgte Restaurierung im Inneren wie im Äußeren hat manche Formen und Gestaltungen vergangener Epochen wieder zur Geltung gebracht, doch haben gewisse Verfeinerungen der Gesamterscheinung des Burgschlosses den ursprünglichen, wehrhaften Charakter nicht nehmen können.

3 Rautenfeld der emblematischen Deckenmalerei im kleinen Rittersaal des Schlosses Dillingen, um 1600. Sinnspruch: „Nicht hinab, zu Gott blick auf".

2 Reisensburg

Unter den zahlreichen Motiven, die den Bau einer Burg veranlaßten, war schon immer eines der wichtigsten die Überwachung einer Furt oder Fähre über einen großen Fluß. In diese Gruppe von Wehrbauten zählt auch die Reisensburg, die zweifellos angelegt wurde, um einen Übergang über die am Fuße des Burghügels vorbeirauschende Donau zu bewachen. Sie übernahm damit wohl die Aufgabe des Römerkastells Guntia, das unterhalb der später im Mittelalter gegründeten Stadt Günzburg gelegen war. Überdies war wohl die steile Höhe, von der man weit das jenseitige Land überblicken konnte, seit vorgeschichtlicher Zeit ein zur Befestigung geeigneter Ort.

Da der Bestand der Burg im 10. Jahrhundert durch eine Erwähnung in der „vita sancti Udalrici" verbürgt ist, kann geschlossen werden, daß wir es hier mit einem der ältesten befestigten Plätze in Schwaben zu tun haben, und in der Tat deuten Streufunde vorgeschichtlicher Keramikscherben auf eine frühe Besiedlung des Platzes. Präzise Kenntnisse über die Siedlungsfolge und die jeweilige Art der Wehrbauanlagen sind jedoch erst nach erfolgter systematischer Ausgrabung zu erwarten. Vermuten läßt sich, daß die den Höhenrücken, auf dessen Spitze die Burg steht, in seinem westlichen Teil durchquerenden Gräben und Wälle einer früheren als der mittelalterlichen Periode angehören.

Mit der vorerwähnten Nennung in der „vita sancti Udalrici" tritt die Burg in das Licht der Geschichte, wenn man nicht die Erwähnung einer mit dem Namen „Rizinis" in der Erdbeschreibung des Geographen von Ravenna um 720 nach Bericht des Goten Athanarich bezeichneten Stätte im Lande „Suavi" als erste Nachricht gelten lassen will. Gerhard berichtet in seiner Lebensbeschreibung des hl. Ulrich *„Perchtoldus, filius Arnolfi, de castello Risinesburc vocitato"* habe 955 den Ungarn den Aufmarsch des Reichsheeres unter Kaiser Otto I. verraten. Berthold, seinerzeit Herr der Reisensburg, war der Sohn des Pfalzgrafen Arnulf, welcher als Verbündeter des Kaisersohnes Liudolf sich an dessen Aufstand gegen den Vater beteiligt und bei Regensburg gefallen war, als Otto die Rebellion niederschlug. Berthold, des Landes verwiesen, zog sich grollend auf die Reisensburg zurück, Rachepläne gegen den verhaßten Sachsenkaiser schmiedend, die er dann durch seinen Verrat verwirklichte, so geschehen am 10. August 955. Die Ungarn wurden trotz dieser Warnung auf dem Lechfeld bei Augsburg vernichtend geschlagen, woran gerade das bayerische Aufgebot besonderen Anteil hatte.

Von der Reisensburg bzw. von ihren Bewohnern wird erst wieder in staufischer Zeit berichtet, als ein Reichsministeriale „Bruno nobilis de Risenspurch" 1266 im Gefolge Konradins und seines Onkels, Herzog Ludwigs des Strengen von Bayern erscheint. Nach dem Aussterben der Reisensburger kam die Burg vermutlich als Reichsgut 1295 an die Markgrafen von Burgau aus dem Hause Berg, deren Geschlecht 1301 erlosch. Als erledigtes Reichslehen fiel die Burg nun an das Herrscherhaus Habsburg, das seinen nun gewonnenen vorderösterreichischen Besitz nur durch zahlreiche Verpfändungen behaupten konnte. Adlige Herren der Umgebung lösten sich als Pfandinhaber der Reisensburg ab, bis sie als Lehen im Rahmen des landesherrlichen Obereigentums 1457 an den Ritter Hans vom Stain auf Ronsberg kam, der sie bereits seit 1452 als Pfand besaß. Derselbe kaufte auch 1469 von Hilpold von Knöringen den Markt und die Burgruine Jettingen, sein Enkel Melchior erhielt dann nach Gütertrennung allein die Herrschaft Reisensburg, die neben der Burg auch den

Weiler Reisensburg, Höfe in Ober- und Unterschramberg, Siedlungen im Gaisloch, den Weiler Nornheim und einen Hof in Bubesheim umfaßte. 1581 kam noch der bisherige Lehens- und Pfandbesitz der Westernacher in Landstrost und Offingen hinzu. In diese Zeit düfte auch eine Erneuerung des Baubestandes der Reisensburg fallen, die in der Zeit der Feuerwaffen keinerlei fortifikatorischen Wert mehr hatte und auch nicht der neuen Wehrbautechnik angepaßt wurde.
Am 23. Mai 1633 zündeten die Schweden das Schloß an, es brannte bis auf die Außenmauern und den festen Bergfried nieder. Schloßherren waren derzeit die tirolischen Tanner von Tann 1620–1643, dann folgten bei gleichzeitiger Allodifizierung des Rittergutes 1660 die Giel von Gielsberg und seit 1760 deren Erben, eine katholische Linie der im Hauptstamm zu Neuendettelsau seßhaften Freiherrn von Eyb. Karl von Eyb verkaufte das Gut 1825 an Maximilian Alexander Freiherrn von Riedheim. Nach dem Ersten Weltkrieg mußte jedoch Eglof Alfred von Riedheim den Besitz verkaufen, um Mittel für das schadhaft gewordene Schloß Harthausen zu gewinnen. Seither war das Schloß in wechselndem bürgerlichem Besitz, bis 1966 das Internationale Institut für wissenschaftliche Zusammenarbeit der Universität Ulm unter der Federführung von Prof. Dr. Dr. h. c. mult. Heilmeyer den Ankauf der Burg beschloß, um hier eine Begegnungsstätte für Wissenschaftler und Forscher zu schaffen. Nach dem jähen Tode Professor Heilmeyers übernahm Prof. Dr. Theodor Fliedner die Leitung des Instituts, das bereits beachtliche Erfolge bei der Wissenschaftsförderung im nationalen und internationalen Bereich aufweisen konnte.

5 *Die Reisensburg von Norden. Litho von J. Alt und A. Kunike 1826 aus: „Eine malerische Donaureise“.*

Ältestes Bauwerk der Burg ist der wohl im 12. Jahrhundert erbaute Bergfried mit seinen aus großen Buckelquadern gefügten Untergeschossen, der vermutlich im 14. Jahrhundert erhöht und durch die Plattform mit den „Pfefferbüchsen“ an den Ecken bereichert wurde. Das oberste Geschoß mit seinem Ziegelgewölbe, von dem eine Wendeltreppe zur Plattform führt, läßt diese Datierung zu. In die gleiche Periode gehört auch der am rückwärtigen Hof stehende Wohnbau mit vier Jochen Kreuzgewölben auf einem Mittelpfeiler im Untergeschoß, der mit einem Zeltdach bedeckt ist.
Der Schloßbau mit zwei quadratischen Ecktürmen an der Front war von den Giel zu Gielsberg nach der Verwüstung der Burg durch die Schweden in der Mitte des 17. Jahrhunderts erstellt. Verbesserungen vor allem in

6 Die Reisensburg nach der Renovierung, Hofseite. Das Barockschloß überragt vom Bergfried des 12./14. Jahrhunderts.

der Raumausstattung fügten die Freiherrn von Eyb hinzu, dazu gehören Täfelungen im südwestlichen Eckraum des ersten Obergeschosses und im Nebenzimmer, ebenso wie Tonöfen auf Gußeisenplattenkästen, die mit dem Allianzwappen Eyb-Freyberg und der Jahreszahl 1751 an die Schloßherrschaft erinnern. Hier sind auch einige Familienportraits erhalten geblieben. Bemerkenswert ist weiter ein Ofen auf der großen Diele mit turmartigem, sechsseitigem Aufbau, der mit Puttenköpfen, Voluten- und Muschelwerkornamenten reich verziert ist und an der Front eine Eisenplatte mit dem Doppeladler und der Jahreszahl 1720 aufweist. Be-

7 Kachelofen auf der Diele im ersten Obergeschoß der Reisensburg, bez. 1720 an der gußeisernen Stirnplatte.

sonders reizvoll sind geschnitzte Rokokovasen auf den Eckpfosten der in den Bergfriedschacht eingefügten Holztreppe, die jeweils in vier Läufen die Geschosse verbindet.

Der jüngsten Instandsetzung des Bauwerks in den Jahren 1966–1971 ist u. a. Wiedergewinnung einer festlichen Halle mit mittlerer Säulenstellung im Erdgeschoß zu verdanken. Beträchtliche Veränderungen erfuhr in dieser Periode der Burghof, an dessen Südseite, im Bemühen um eine dem Stil des Altbaus angepaßte Gestaltung, Wohnbauten für die Kursteilnehmer mit eingefügtem Türmchen erstellt wurden. In alter Form wurde der Torturm erneuert, die ursprüngliche Randbebauung der Nordflanke aus ruinösen Wirtschaftsbauten harrt noch der entsprechenden Veränderung. Die Neuorientierung der Bestimmung und Nutzbarmachung hat bei der Planung für den engsten Burgbereich Konzessionen erfordert; um den Preis der Erhaltung der Gesamterscheinung, die dem Betrachter nach wie vor imponiert, ist die teilweise Neugestaltung tragbar.

3 Ruine Niederhaus

Südlich von Nördlingen, ca. 6 km in der Luftlinie gemessen, liegt an den Randhöhen des Rieskessels auf isoliertem Felsstock am Forellenbachtal bei dem Orte Hürnheim die Ruine, die Stammsitz des gleichnamigen Adelsgeschlechts war, das nach den Grafen von Oettingen hier, auf Grund ausgedehnten Besitzes, großes Ansehen genoß. Je nach herrschender Witterung erscheint dieser stets stille steinerne Zeuge vergangener Ritterherrlichkeit in der Sonnenglut des Sommers als kahles, brüchiges Gemäuer auf verdörrtem, felsigem Boden oder er bietet an nebligen Herbsttagen einen melancholischen Anblick, zumal als Spiegelbild der bizarren Silhouette im trüben Wasser des Katzenweihers bei der Reismühle.
Obgleich mehrfach verwüstet und zerstört, war es doch kein kriegerisches Ereignis, das von dieser vormals stolzen Burg nur spärliche Reste übrigließ. Mangels praktischer Nutzung war der Bau im 19. Jahrhundert dem Verfall preisgegeben und man würde davon wohl keine Spur mehr erkennen, wenn nicht durch das erwachte historische Interesse und Verantwortungsbewußtsein für das Kulturerbe der völlige Untergang verhindert worden wäre. 1868 veranlaßte der Historische Verein für Schwaben und Neuburg die erste Restaurierung durch die kgl. Baubehörde in Nördlin-

gen, die am 29. 10. 1868 beendet und durch Anbringung einer Gedenktafel zu Ehren Friedrichs von Hürnheim gefeiert wurde. Die Inschrift der Tafel lautet: *„Dem Andenken des Edelherrn von Hürnheim, der mit dem letzten Hohenstaufen Konradin am 29. Oktober 1268 zu Neapel enthauptet wurde".*

Damit ist auf ein bedeutendes Mitglied der Familie Hürnheim hingewiesen, die mit einem Rudolf von Hürnheim 1153 erstmals in einer Urkunde des Hochstifts Augsburg erscheint, in der die Übergabe der Schenkung eines Grundstücks des Genannten durch Dekan Bruno an die Kirche St. Veit zu Hürnheim bestätigt wird. 1210 wird Rudolf von Hürnheim mit Gütern des Hochstifts Eichstätt belehnt, als Zeugen in Urkunden sind 1227/28 Albertus de Hürnheim, Albert und Rudolf, Brüder, 1229, Albert 1239/40, Heinrich 1234–1246 und Ulrich von Hürnheim 1240 verzeichnet.

9/10 Hürnheim-Grabsteine in der Klosterkirche Klosterzimmern im Ries. Links: Rudolf II. von Hürnheim-Katzenstein, † 1280, mit Gemahlin Agathe, rechts: Rudolf I. von Hürnheim-Rauhaus 1238–1264.

11 Grabmal für Eberhard von Hürnheim † 1483 und Gemahlin Anna geb. von Rechberg. Gestiftet 1526, in der Pfarrkirche Hochaltingen.

Um 1240 fand unter Brüdern einer Generation eine Teilung des Familienbesitzes und damit die Begründung von drei Linien statt, die sich jeweils nach ihren teils überkommenen, teils neu erbauten Sitzen benannten. Neue Burgen bauten die Linien Hürnheim—Hochhaus und Hürnheim—Rauhaus, die Linie Hürnheim-Haheltingen (Hochaltingen) blieb auf der Stammburg, die nun im Gegensatz zu Hochhaus den Namen Niederhaus erhielt. Diese Linie bewahrte auch das ursprüngliche Wappen des Geschlechts, ein Hirschgeweih, während die Hochhauser nun drei Kesselhaken und die Rauhauser, ab 1262 Katzensteiner, eine Gans bzw. eine Katze im Wappen führten.

Wie diese letzteren Herren zu Lebzeiten aussahen, ist auf ihren leider sehr beschädigten Grabdenkmälern in der Kirche von Klosterzimmern überkommen, die Zimiere ihrer Helme zeigen die Wappensymbole, eine Gans für Rudolf I. von Hürnheim-Rauhaus (1238–1264) und eine Katze für den Sohn Rudolf II. von Hürnheim-Katzenstein († 1280), der neben seiner Gemahlin Agathe steht. Beide mit Kirchenmodellen in der Hand dargestellt, waren Stifter und Wohltäter des Klosters Zimmern im Ries. Ein Kunstwerk von hohen Graden aber ist der Doppelgrabstein Eberhards von Hürnheim (†1483) und seiner Gattin Anna geb. von Hohenrechberg, in Hochaltingen, den im Jahre 1526 ihre Nachkommen setzen ließen. Ritter und Rittersfrau sind hier in Prunkrüstung bzw. Festtracht als noble und wohlhabende Vertreter des Adelsstandes in Hochrelief dargestellt. Die in Alabaster gemeißelten Gesichter, im roten Marmor eingefügt, verleihen den Figuren starke Lebendigkeit.

Doch verfolgen wir nun weiter das Schicksal der Burg Niederhaus und ihrer Besitzer, die offenbar in enger Beziehung zu Herzog Ludwig II. von Bayern, dem Oheim König Konradins von Hohenstaufen standen, in dessen Umgebung sie als Zeugen mehrfach urkundeten. So 1258 bei einer Schenkung Konradins an den Deutschen Orden zu Dachau, 1264 bezeugen Hermann Vater und Sohn und Rudolf von Hürnheim eine Schenkung an das Kloster Oberschönenfeld, wie auch 1266 zu Augsburg eine Urkunde Konradins für Herzog Ludwig von Bayern. Zum Schicksal wurde diese Verbindung Friedrich von Hürnheim, als 1267 Konradin zur Wahrung seines väterlichen Erbes nach Italien zog. Wohl auf Empfehlung des Bayernherzogs, der den König ebenso wie Friedrichs Bruder Hermann bis Verona begleitete, gehörte jener zum königlichen Gefolge und teilte mit ihm das grausame Schicksal auf dem Blutgerüst in Neapel am 29. Oktober 1268. Nach der Schlacht von Skurkola, die für Konradin gewonnen schien, fiel dieser durch Verrat in die Hände Karls von Anjou, der ihn mit neun Rittern seines Gefolges, unter diesen Friedrich von Baden, Herzog Friedrich von Österreich und einem Grafen von Pisa enthaupten ließ.

Ein Rudolfus de Hurnhain, canonicus maiori ecclesie Augustensis bezeugte am 29. Dezember 1258 die Schenkung Bischof Hartmanns, Grafen von Dillingen, der dem Hochstift sein väterliches Erbe, Stadt und Schloß Dillingen vermachte.

1379 verwüsteten Truppen des Schwäbischen Städtebundes die Burg Niederhaus während der Auseinandersetzungen mit dem bayerischen Herzog Stephan III., dem Kneißel, dessen getreue Anhänger die Hürnheim waren. Als Vorwand diente ein von diesen verübter Raubüberfall, zu dem

sie sich wohl auf Grund des Fehderechts für berechtigt hielten. Anscheinend war der Schaden nicht zu groß, die Burg wurde instandgesetzt.
Letzter männlicher Sproß der Linie war Hans Johann von Hürnheim zu Hochaltingen und Wellstein, er starb am 6. Mai 1585. Seine Tochter Cordula erbte Hochaltingen und Niederhaus und brachte das Erbe als Heiratsgut ihrem Mann Karl von Welden zu. Doch bereits 1597 verkaufte das Paar die Herrschaft samt allen Zugehörungen um 38 000 fl. an Graf Gottfried von Oettingen.
Von einer Beschädigung im Bauernkrieg ist nichts bekannt, hingegen mußte ein Rudolf von Hürnheim 1525 während dieser Unruhen bei Weinsberg sein Leben lassen. Dafür brachte der Dreißigjährige Krieg die völlige Verwüstung der Burg. Wie die Fama berichtet, soll Anno 1633 ein Reitertrupp vor der Burg gehalten und Wegzehrung verlangt haben. Der oettingische Burgvogt habe sie im Vertrauen auf die Stärke der Burgmauern abgewiesen. Mit einem Schuß aus dem Fenster, so wird berichtet, habe des Vogtes Töchterlein den Anführer der Schar zu Boden gestreckt und damit den Zorn der Soldaten aufs höchste entfacht und zu Racheschwüren veranlaßt. Nächtens dann sei den Rächern der Einbruch in die Burg durch den an der Talseite stehenden Wasserturm gelungen. Für die Burgbewohner gab es kein Pardon, und auf dem Dach stand der rote Hahn.
Auch nach dieser Katastrophe muß wohl ein Wiederaufbau gefolgt sein, denn Fürst Albrecht Ernst II. von Oettingen überließ das Gut 1709 um 53 000 fl. dem Deutschen Ritterorden, Komturei Ellingen, behielt sich aber die Hochgerichtsbarkeit vor. Die beträchtliche Steigerung des Kaufpreises kann wohl durch Aufwendungen zum Wiederaufbau bedingt gewesen sein. Wann die Burg aufgelassen und dem Verfall preisgegeben wurde, ist nicht bekannt. Nach Aufhebung des Deutschen Ritterordens 1809 fiel die Burg an Bayern, wahrscheinlich stand sie seither leer.
Die Burg liegt auf einer steil aus dem Forellenbachtal aufsteigenden Felsrippe, die durch einen tief eingeschnittenen Graben in Burgplatz im Westen und Vorburg im Osten geteilt wird. Der Halsgraben ist am sanften Hang nach Norden und Westen sichelförmig um den Kern der Anlage in großer Breite herumgeführt und in diesem Verlauf durch einen eingefügten Wall zum Doppelgraben verwandelt. Sicherlich diente die Ruine der umwohnenden Landbevölkerung Jahrzehnte lang als Steinbruch, wodurch die ganze Anlage beträchtlich verunklärt wurde. Unmittelbarer Schutz war wohl eine Ringmauer mit einem Wehrgang, von der nur wenige Bruchstücke zeugen. Unklar ist auch die ursprüngliche Ge-

staltung des Zugangs. Heute gelangt man auf der Brücke über den Halsgraben unmittelbar an den Fuß des mächtigen, quadratischen Bergfrieds, der an der Ecke des Palas stehend mit diesem unmittelbar verbunden ist. Man stellte ihn wohl nicht nur an diesen Ort als letzte Zuflucht, sondern vor allem zum Schutz des Zugangs und der ganzen Kernburg. Der Palas, ein stattliches Gebäude von ca. 20 x 28 m, hatte, wie an den Balkenlöchern zu erkennen ist, drei Geschosse und sehr starkes, aus Werkstein und Buckelquadern an der Front gefügtes Mauerwerk.

12 Die Burgruine Niederhaus. Der Bergfried am inneren Grabenrand schützt den Zugang zur Burg und deckt den angefügten Palas.

Während im unteren Geschoß nur Luft und Schießschlitze die Mauern durchbrechen, sind in den beiden oberen Geschossen Fenster, die wohl erweitert wurden. Westlich ist an diesen Baublock ein von Gebäuden ganz oder teilweise umschlossener, enger Hof angefügt, der ruinöse Baubestand läßt hier keinen eindeutigen Schluß auf die ursprüngliche Gestaltung zu. Gegen das Tal steht noch der Stumpf eines Rundturmes, wohl ursprünglich im Zuge der Ringmauer. Der Überlieferung nach soll dies der Wasserturm gewesen sein, durch den die Feinde anno 1633 in die Burg eindrangen.
In jüngster Zeit ist die Ruine durch das zuständige Landbauamt gesichert und vor weiterem Verfall bewahrt. Die Ruine, ein beliebtes Wanderziel, ist vom Dorfe Hürnheim aus oder am besten von Karthäusertal her zu erreichen, wo in unmittelbarer Nähe auch die Ruinen des Klosters Christgarten und der Burg Hochhaus beisammenliegen.

4 Ruine Eisenberg

Wohl nur wenige verfallene Wehrbauten des Mittelalters vermitteln echte Ruinenromantik so eindrucksvoll wie die Ruinen Eisenberg und Hohenfreyberg, die man vom Pfarrdorf Zell oder von Pröbsten auf dem Viehweideweg aus, jeweils über den Schloßbauern, wandernd erreicht. Von der Terrasse des Schloßbauernhofes führt ein ziemlich steiler Steig über Geröll im Walde aufwärts, der endlich an der Ostseite des Bergkegels zunächst zur Ruine Eisenberg in den eigentlichen, sanft ansteigenden Burgweg einmündet.
Hat man das untere und weiter oben das Zwinger- und Ringmauertor durchschritten und sich ein wenig im Innenraum der Ruine umgeschaut, so liest man auf einer an der Palaswand angebrachten Tafel: *„Schloß und Herrschaft Eisenberg mit Blutbann und Halsgericht Klosterlehen von Kempten, um 1100 Besitz der Rettenberger, 1240 der Hohenberg, 1806 Bayerisches Lehen der von Freyberg, 1525 von den Bauern eingenommen, seit 1646 durch Brand zerstört."*

Diese reichlich summarische Geschichtsdarstellung bedarf einer Ergänzung, um das wechselhafte Schicksal der Burg klarer zu zeichnen. Wie vermeldet war die Burg Eisenberg um 1100 vermutlich Mittelpunkt der gleichnamigen Herrschaft. Der Name Eisenberg erscheint erstmals 1340 in einer auf der Burg ausgestellten Urkunde, und zwar aus Anlaß einer Unterhandlung Ulrich Pernaus, früher Pfarrer von Seeg, mit Kloster Stams vor Peter von Hohenegg. Damit ist belegt, daß derzeit hier die Hohenegger saßen, einer um die Mitte des 13. Jahrhunderts von den Trauchburgern abgespaltenen Nebenlinie. Die Trauchburger ihrerseits waren um 1150 aus der Familie Rettenberg hervorgegangen, die wohl um 1100 die Herrschaft Eisenberg als Klosterlehen innehatte.

1382 verkaufte nun Berthold von Hohenegg die Feste Eisenberg mit allen Zugehörungen für 2000 fl. an Herzog Leopold von Österreich, der alsbald Friedrich von Freyberg mit der Herrschaft belehnte, seither blieb die Burg im Besitz der Familie Freyberg. 1390 ist Friedrich von Freyberg mit dem Beinamen „zu dem Isenberg" genannt, sein Vater Heinrich gilt als Stammvater der Eisenberger Linie. Sicher nahmen die Freyberger nach Inbesitznahme der Burg zu Beginn des 15. Jahrhunderts Verbesserungen vor, wie das auch an der Art und Verschiedenheit des Mauerwerks deutlich wird.

Die Freyberg sind ein altes Rittergeschlecht, ihre Abstammung von dem sagenhaften Römer Curius wird von einigen Historikern für denkbar gehalten, von anderen kategorisch bestritten. Sicher ist, daß die Familie Freyberg, die im 13. Jahrhundert mit mehreren Vertretern in Urkunden genannt ist, aus der Gegend um Biberach stammt. Durch Kriegs- und Verwaltungsdienste bei verschiedenen Herren kamen sie zu Ansehen und Besitz, bereits aus dem 14. Jahrhundert sind Verleihungen der Ritterwürde an Familienmitglieder bekannt, auch besaß das Geschlecht die Turnierfähigkeit, wofür die ritterbürtige Abstammung Voraussetzung war. 1209 stritt ein Georg von Freyberg auf dem Turnier zu Worms. Als Wappen, das den Turnierritter kenntlich machte, führten die Freyberg einen geteilten Schild mit Silber im oberen Feld und drei goldenen Kugeln auf blauem Grund im unteren Feld. Schon bald war die Familie in mehrere Linien aufgeteilt, die durch ihre Mitglieder in verschiedenen Bereichen des öffentlichen Lebens tätig waren.

So schlossen sich Freyberger mit anderen Rittern zur Rittergenossenschaft St. Georgschild zusammen. Später ging dieser im Schwäbischen Bund auf, der 1486 gegründet wurde, um der Durchführung des Landesfriedens zu dienen und die Übermacht der Bayernherzöge im Allgäu zurückzudrängen. 1502 war Georg von Freyberg und Eisenberg Hauptmann des Schwäbischen Bundes im Kampf gegen Herzog Ulrich von Württemberg. Eine besondere Ehrung wurde der Familie zuteil, als an Georg von Freyberg 1495 für sich und seine Nachkommen der Kesslerschirm in Schwaben und Neuburg als Reichslehen verliehen wurde. Die Freyberger waren damit bis 1724 Schirmherrn der Kessler, von Handwerkern also, die Kessel, aber auch Helme, Harnische und sonstige Rüstung herstellten und in einer den Zünften in den Städten vergleichbaren Kreisorganisation zusammengefaßt waren.

Wie sehr das Schicksal der Rittergeschlechter jederzeit mit dem kriegerischen Geschehen und den Bräuchen ihrer Zeit verflochten war, zeigt ein Vorkommnis aus dem Jahre 1487, bei dem die Burg Eisenberg zum Schauplatz des Geschehens wurde. Im Zusammenhang mit der Fehde, die Erzherzog Siegmund von Österreich-Tirol gegen die Republik Venedig führte, wurde ein Kaufmannszug mit Waren aus Venedig, die nach Antwerpen und Brügge bestimmt waren, überfallen. Die erbeutete Ware, die für verfallen erklärt wurde, verbrachte man zum Teil auf die Burg Eisenberg, wo auch die Kaufleute gefangengehalten wurden, bis sie durch Vermittlung Kaiser Maximilians I. wieder in Freiheit gesetzt mit ihren Waren unbeschadet weiterziehen konnten.

Im Bauernkrieg 1524/25 wurde Burg Eisenberg von den aufständischen Bauern eingenommen, die Besatzung erhielt freien Abzug, die Burg diente den Bauern als Stützpunkt im östlichen Allgäu, den sie aber aufgaben, als ihnen die Vorräte ausgingen. 1532 bewilligte Kaiser Karl V. zu Regensburg den Brüdern Eberhart und Werner Volker von Freyberg, bei dem Schlosse Eisenberg ein Halsgericht, Stock und Galgen aufzurichten und verlieh ihnen die hohe Gerichtsbarkeit.

Etwas über hundert Jahre später erfüllte sich das Schicksal der Burg im Dreißigjährigen Krieg. Bereits 1632 mußten die Burgen Eisenberg und Hohenfreyberg auf Befehl der österreichischen Heeresleitung von Tirol geräumt werden. Am 8. Juli des Jahres machte die eigene Partei von Füssen aus, wo die Kaiserlichen den Angriff der Schweden erwarteten, einen Ausfall, um das bewegliche Inventar der Burgen in 20 Wagenladungen abzufahren, was einer Plünderung gleichkam. Die Annäherung der verbündeten Franzosen und Schweden unter Wrangel und Turenne versetzte aber 1646 die tirolische Heeresleitung derart in Panik, daß sie, um dem Feind keine Möglichkeit zum Festsetzen zu bieten, den Befehl zur Brandlegung an den beiden Burgen gab. Da der Feind jedoch gar nicht bis ins südliche Allgäu vordrang, war diese übereilt getroffene Entscheidung

14 Hinter der Hohen Palaswand der Ruine Eisenberg erscheint jenseits der Schlucht die Ringmauer der Burg Hohenfreyberg mit einem Eckrondell.

umsonst und die Aufopferung dieser beiden herrlichen, völlig intakten Burgen gänzlich nutzlos, sie wurden nicht mehr aufgebaut. Die Ritterschaften Eisenberg und Hopfern kamen nach Art. XXV der Rheinbundakte 1806 unter bayerische Souveränität und wurden dem Landgericht Füssen eingeordnet.

Wie eingangs erwähnt, führt der Burgweg am Fuße des Felskegels zur Burg. Ersten Widerstand fanden Angreifer am äußeren Tor, von dem nur spärliche Reste erhalten sind. Vom ehemaligen Torturm zieht die Mauer der Vorburg rechterhand bergan, zwei halbrunde und ein rechteckiger Schalenturm sind hier eingefügt. Der andere Arm der Mauer verläuft entlang dem Steilabfall und schließt an der Südwestecke in einer bastionsartigen Ausbuchtung einen freistehenden quadratischen Turm von ca. 8 m Seitenlänge ein — 1,10 m starke Bruchsteinmauern und noch erhaltene Höhe von ca. 6,50 m — der die Vorburg und nach zwei Seiten das Vorgelände der Burg beherrscht. Am Westhang zieht die Mauer weiter zur Kernburg und schließt hier an die Zwingermauer an.

Die Kernburg hat einen absolut einmaligen, regelmäßigen Grundriß etwa in Form eines mit dem Bug nach Südwest gerichteten Schiffskörpers. Dem rechteckigen, von doppeltem Mauerring umschlossenen Burgraum ist hier ein halbkreisförmiger Schluß angefügt, der den eigentlichen Torbau etwas außerhalb der Mittelachse einschließt. Inmitten, zwischen den an die parallelen Außenwände angefügten Wohnbauten, verläuft eine Gasse bis zum Ostende. Vielleicht gehört der hohe Mauerzahn an der Nordostspitze zum ehemaligen Bergfried, ein besonders hoher Schuttkegel an dieser Stelle könnte darauf deuten. Bis zu einer Höhe von 17,50 m steht die Nordwestwand aufrecht, an ihrer Innenseite zeichnen sich durch Balkenlöcher drei Geschosse ab, die beiden oberen mit verschiedenartigen Fensteröffnungen. Im östlichen Teil der Ruine sind noch vier Kellergewölbe zugänglich.

Während die älteren Teile der Burg, wohl aus dem 12. Jahrhundert, aus reinem Bruchsteinmauerwerk bestehen, sind spätere Ergänzungen, Zutaten im 15. Jahrhundert, aus Mischmauerwerk mit Bruchsteinen und Ziegeln zu erkennen. Der Zwingermauer ist nur eine kleine Bastion eingefügt, dagegen deuten sechs Bastionen in der Vorburgmauer auf eine zeitgerechte Anpassung an den Artilleriekampf. Der Erhaltungszustand der Ruine ist bedenklich, der Verfall schreitet stetig fort.

15 *Die Burg Eisenberg vor der Zerstörung 1646. Nach einem Ölbild in Privatbesitz.*

5 Burg Wallerstein

Stolz thronte einst die Burg Wallerstein auf hohem Felsen, der am Nordwestrand des Rieses aufragend, zu einem natürlichen Aussichtsturm geschaffen schien, von dem aus man die Ebene gegen Süden und Osten weit übersehen und militärisch beherrschen konnte. Darum war es nicht verwunderlich, daß der Fels seit den Zeiten, als noch von der Natur geschaffene Gegebenheiten den von zahlreichen Feinden bedrohten Menschen der Urzeit als Zuflucht diente, bis zu den Tagen, als ein erhöhter Standpunkt dem Verteidiger im Mittelalter Vorteile gegen einen Angreifer gab, wehrtechnische Bedeutung zukam.
Ist das weite Rund der Riesebene, an sich eine geologische Sensation, eine seltene Landschaftsform, die ihre Entstehung einer Naturkatastrophe in grauer Vorzeit verdankt, so sind es gleichermaßen ein paar in diesem Teller aufragende Felshöcker, von denen der Wallersteiner Felsen der höchste und bedeutendste ist.
Nach Meinung der Geologen Bolten und Gall soll hier in Jahrmillionen auf dem inneren Kraterring der beim Einschlag eines kosmischen Körpers in der Erdkruste gebildeten Mulde durch aus der Tiefe aufsprudelnden Wasserausfluß eine Travertinablagerung zu einem Buckel gewachsen sein. Zunächst wuchs dieser Höcker am Rande, dann unter der Wasseroberfläche des im Krater allmählich ansteigenden Riessees und wurde nach Versiegen der Quellen von Tonmergelsedimenten überlagert.

Der Travertinstotzen widerstand, als beim Abfluß des Riessees die weicheren Tonmergel vom Seeboden ausgeschwemmt und somit dieser auf das tiefere Niveau der heutigen Riesebene gebracht war. So kam es, daß die ersten Menschen, die wohl als Jäger und Sammler in diese Gegend kamen, einen ca. 70 m hohen Felsklotz vorfanden, von dem aus sie die Bewegungen des Jagdwildes und ebenso die Annäherung feindlicher Menschengruppen beobachten konnten.
Spuren frühgeschichtlicher Besiedlung auf und bei dem Felsen konnten nicht erwiesen werden, ein Münzfund belegt immerhin die Anwesenheit der Römer. In karolingischer Zeit mag in der Ebene eine Siedlung bei einem Straßenposten entstanden sein, die bis ins 16. Jahrhundert Steinheim hieß.
In geschichtlicher Zeit ist von einer Burg Wallerstein bzw. sind von Edelfreien Konrad (gen. um 1118/23–1147) und Gotebold (gen. 1147) von Wallerstein Nachrichten überliefert. Sie waren staufische Ministerialen oder Reichsministerialen, die als Zeugen in Urkunden Kaiser Heinrichs V., König Konrads III., der Bischöfe von Mainz, Augsburg und Würzburg genannt sind. Als letzter wird ein H(einricus) de Waltresten 1232 in einer Urkunde Kaiser Friedrichs I. erwähnt. Wahrscheinlich bestanden verwandtschaftliche Beziehungen zu den Staufern, möglicherweise war Konrad mit einer Stauferin verheiratet.
Folgt man den Kombinationen von Heinz Bühler, so sind die Zusammenhänge — allerdings belastet mit häufigem: wäre dies, so wäre das — in einen logischen Zusammenhang zu bringen. Demnach wäre Friedrich von Büren (um 1020 bis nach 1053), Graf im Riesgau, der letzte Besitzer einer ungeteilten Stammburg Wallerstein gewesen. Der Besitz sei unter seinen Söhnen Friedrich I. (1047–1105), der 1079 Herzog von Schwaben wurde, und Pfalzgraf Ludwig I. (um 1044–1103) aufgeteilt worden. In der nächsten Generation seien dann Herzog Friedrich II. (1090–1147) und König Konrad III. (1093–1152) einerseits Erben Friedrichs I., Ludwig von Westheim (um 1063/64–1112) andererseits Erbe des Pfalzgrafen Ludwig. Des Westheimers Tochter, mit dem Edelfreien Konrad von Wallerstein vermählt, sei möglicherweise Stammutter der Oettinger und habe diesen eine Hälfte der Burg Wallerstein hinterlassen. Die andere Hälfte aber sei über König Konrad III., Friedrich I. Barbarossa an dessen Sohn, den Herzog Konrad von Rothenburg, gelangt. Diesen Anteil sollte Berengaria von Kastilien als Heiratsgut zur Nutzung erhalten (1188), falls eine Ehe mit Konrad von Rothenburg zustande käme. Dieser Plan jedoch scheiterte.

Wie dann die ganze Burg endgültig an das Haus Oettingen kam, ob durch Erbschaft, Verpfändung oder Belehnung, ist nicht überliefert. Sicher ist, daß 1261 Graf Ludwig III. von Oettingen hier seinen Sitz hatte. Die entscheidende Erkenntnis aus diesen Erbgängen ist, daß die Staufer als die Riesgrafen das Grafenamt nach dem Tode Herzog Friedrichs II. im April 1147 an das Haus Oettingen übertrugen, zu dem sie, wie oben erwähnt, in verwandtschaftlicher Beziehung standen. Die Burg Wallerstein, wohl in der ersten Hälfte des 11. Jahrhunderts von den Staufern erbaut, war ein wichtiger Stützpunkt an der Straße von den Hausgütern im westlichen Schwaben nach Franken.

Über Gestalt und Beschaffenheit der ersten Burg auf dem Wallersteiner Felsen kann es nur Vermutungen geben, spätere Veränderungen und Erweiterungen, vor allem aber die systematische Zerstörung im Jahre 1648

17 Der in der Frühzeit der Erdgeschichte entstandene Kalkfelsen, der die Burg Wallerstein bis zu ihrer Zerstörung 1648 trug.

haben alle Spuren nachhaltig vernichtet bzw. verunklärt. Vergleiche mit etwa gleichzeitigen Rieser Burgen wie der Harburg, den Burgen Niederhaus, Katzenstein oder Flochberg geben auch keinen sicheren Anhalt, weil die geologischen Voraussetzungen, die Burgstellen als solche, zu verschieden sind. Am ehesten könnte noch die gleichfalls auf einem Felskegel im Ries erbaute Burg Alerheim einen Vergleich zulassen, zumindest ist hier die ähnliche Terrassierung noch erkennbar.

Wallerstein repräsentiert in der endgültigen Ausgestaltung den Typ der Gipfelburg, dabei ist keineswegs sicher, ob die Uranlage auf dem Gipfel des Felsens stand. E. Grünenwald nimmt an, daß der staufische Ansitz bis zum 11. Jahrhundert „unterhalb der Nordseite des Felsens in der Nähe des abgegangenen Tiefbrunnens, zwischen den drei Fichten und der Felshöhe" gelegen sei. Gesichert war der Ort durch Steilabfälle nach Norden, Osten und Süden, lediglich nach Westen mußte durch einen Halsgraben gegen den mit der unteren Terrasse fast gleichhohen Kapellenberg eine künstliche Begrenzung angelegt werden. Die Burg des 11. Jahrhunderts, die den Kern des Renaissanceschlosses in der Endphase bildete, nahm sicherlich das obere Plateau des Felsens total ein. Zum Bestand gehörte jedenfalls die Burgkapelle, die noch bis zum Jahre 1747 bis zur Höhe des Fachwerks stand. Zum allgemein üblichen Bauprogramm einer Ritterburg, wie es am Beispiel der Harburg noch deutlich erkennbar ist, gehörte im besonderen Fall der Burg Wallerstein das 1431 in einem Inventar der Burg eigens genannte „der schriber haws", darin: „des Conrades ... des Heinrice ... der schriberknaben betstatt". Die Schreiber Conrad Müller d. Ä. und Heinrich Nyblung d. J. arbeiteten unter Graf Ludwig XI. Konrad Müller d. J. war von 1446–1482 als Schreibkünstler, Illustrator und Spruchdichter auf Baldern, Oettingen und Wallerstein tätig. Mit diesem Hinweis sei auch die Bedeutung einer mittelalterlichen Burg als Hort von Kunst und Wissenschaft neben ihrer strategischen Wichtigkeit beleuchtet.

Außer einer Bestandsdarstellung der Ruine um 1720 von Bodenehr, geben nur zwei Rekonstruktionsversuche, eine Rötelzeichnung von J. H. Brenner vor 1747 und ein Kupferstich von K. F. Zinkernagel 1802 eine bildhafte Vorstellung des Burgschlosses. Unbekannt ist, ob dem einen oder anderen Darsteller konkrete Unterlagen zur Verfügung standen, die der blühenden Phantasie ein gewisses Fundament gaben. Gemeinsam ist allen die Terrassierung des zentralen Felsmassivs mit mehreren durch Mauern umschlossenen Verteidigungsabschnitten und den zugehörigen Torbauten und Türmen, sowie ein stattliches, von Türmen flankiertes

18 Ehrenmal am Fuße des Wallersteiner Burgfelsens.

Schloßgebäude auf dem Gipfel. Die mittelalterliche Architektur dürfte, soweit überhaupt nach fünfhundert Jahren noch erhalten, am Ende kaum noch in Erscheinung getreten sein. Anzunehmen ist, daß sich die seit dem 15. Jahrhundert eingeführte Artillerieverteidigung auf kräftige Basteien und Rondelle im Zuge der Ring- und Zwingmauern stützte.

Wie bereits erwähnt, saß 1261 Graf Ludwig III. von Oettingen auf der Burg Wallerstein. (Über die Anfänge des Hauses Oettingen s. Kap. „Schloß Oettingen", S. 179.) Graf Ludwig V. erhielt als Stammesältester beim Tode Ludwigs III. 1279 die Grafschaft Oettingen und das Landgericht.

So wie die Grafen treue Gefolgsleute der Staufer gewesen waren, blieben sie auch später überwiegend kaisertreu. Zwei Grafen von Oettingen,

Ludwig VIII. und Friedrich II. schlugen sich tapfer in der Schlacht bei Mühldorf 1322 gegen Friedrich von Österreich. Der Lohn der Treue war u. a. die Verleihung der Landgrafschaft Unterelsass durch Kaiser Ludwig den Baiern 1336, ferner Reichspfandschaften wie z. B. für Stadt und Burg Harburg und die Übertragung diplomatischer Aufträge.
Nur zweimal in siebenhundert Jahren bis auf den heutigen Tag war die uneingeschränkte Herrschaft des Hauses Oettingen über Wallerstein kurz unterbrochen. Erstmals kam die Lehenschaft über die niedere und obere Burg Wallerstein bei einem Tauschgeschäft gegen Lehenrechte über Burg und Stadt Wassertrüdingen an das Hochstift Eichstätt, zum zweiten verkaufte 1487 Graf Ludwigs XIII. Tochter, die mit Ulrich d. J. von Montfort-Tettnang verheiratet war, einer Erbschaftsauseinandersetzung wegen einen Teil der Grafschaft Wallerstein an Herzog Georg den Reichen von Landshut. Jedoch bereits 1492 setzte Kaiser Maximilian die Oettinger Grafen wieder in ihre Rechte ein.
Bei der Teilung der Grafschaft Oettingen 1442 fiel Wallerstein an Graf Johann I., sein Sohn Ludwig XIII., dem das Amt 1449 zufiel, konnte in seiner vierzigjährigen Herrschaft den Ausbau der Residenzstädte Oettingen, Harburg und Wemding, vor allem aber auch den des Marktes Steinheim betreiben. 1471 verlieh Kaiser Friedrich III. dem Grafen das Privileg, den Markt Steinheim in eine Stadt umzuwandeln, die als solche mit einer Stadtbefestigung umschlossen und geschützt sein sollte. Auch die üblichen Rechte, wie das, einen Rat zu bestimmen, die hohe Gerichtsbarkeit auszuüben und Zölle zu erheben, waren eingeschlossen. Das Munzinger Tor im Westen, das Burgtor im Norden und das Judentor im Osten gaben im Zuge einer zeitgemäßen Wall-, Graben- und Palisadenabwehr der kleinen Residenzstadt, die nun den Namen der Burg übernahm, Charakter und Ansehen. Ludwig XIII. starb 1486 in seinem Schloß zu Wallerstein.
Auch der Ausbau des Burgschlosses wurde in dieser Zeit vorangebracht. Bereits im 14. Jahrhundert hatte die Verstärkung vor allem der Vorburg Fortschritte gemacht. 1362 sind die „niedere und die obere Burg, die zwei Vesten Wallerstein" genannt und Baumaßnahmen an beiden nachweisbar.
Bei der Teilung der Grafschaft 1493 kam das Burgschloß Wallerstein an Graf Joachim von Oettingen, der hier residierte. Nach seiner Ermordung 1520 folgte ihm sein Sohn Martin V., in dessen Regierungszeit die Belagerung durch aufständische Bauern fiel. Die Burg widerstand allen Angriffen, der Abt von Neresheim fand hier sichere Zuflucht.

Weit schwerer als im Bauernkrieg wurden Burg und Grafschaft Oettingen im Schmalkaldischen Krieg 1546/47 betroffen. Häufiger Besitzwechsel war durch verschiedene konfessionelle Bindung der einzelnen Linien des Hauses Oettingen bedingt. Als Landgraf Philipp von Hessen 1546 bei Wallerstein ein Feldlager aufschlug, nötigte der protestantische Vetter Graf Martins, Graf Ludwig XVI. diesen zur Verleihung von 10 000 fl. ohne Zins an die Fürsten des Schmalkaldischen Bundes. Am 9. Oktober 1546 mußte Graf Martin vor einem Fähnlein der Hessen, das die Burg besetzte, die Flucht ergreifen. Ein spanisches Kontingent, vom Kaiser entsandt, entsetzte die Veste am 27. November, nachdem die hessische Besatzung kapituliert hatte. Graf Martin konnte in sein Land zurückkehren, die protestantischen Vettern gingen, in die Reichsacht erklärt, in die Verbannung.

Graf Friedrich V., Schwiegersohn Graf Martins, erbte die Grafschaft Oettingen-Wallerstein. Schloß und Amt Wallerstein wurden zum Verwaltungszentrum der Alt-Wallersteiner Grafschaft, Graf Friedrich nahm auf Schloß Wallerstein seinen Wohnsitz.

Abermals wurde der Friede gebrochen, als im Streit des Kurfürsten Moritz von Sachsen und den mit ihm verbündeten Landgrafen Wilhelm von Hessen und Markgraf Albrecht von Brandenburg-Kulmbach gegen Kaiser Karl V. 1552 die Burg Wallerstein belagert, Graf Friedrich zweimal zur Flucht gezwungen und ihm die Herrschaft durch seinen Bruder Ludwig für einige Monate entrissen wurde. Friedrich kehrte im Schutze Kaiserlicher Kommissäre im September 1552 in sein Land zurück.

Als Friedrichs V. Sohn, Wilhelm II., die Alt-Wallersteiner Grafschaft unter seine drei Söhne aufteilte, erhielt Wilhelm III. die Herrschaft Spielberg mit der Residenz Oettingen, Ernst I. die Herrschaft Baldern und Wolfgang III. die Herrschaft Wallerstein. Zwischenzeitliche familiäre Auseinandersetzungen wegen einer als Mesalliance beurteilten Ehe Wolfgangs, zwangen diesen für sich und seine Nachkommen zum Verzicht bis zum Aussterben der beiden anderen Linien. Die zwischen den Linien Spielberg und Baldern nun zunächst gemeinsam, dann nach Vereinbarung 1623 durch den jeweiligen Linienchef auf Lebenszeit im Wechsel ausgeübte Verwaltung der Herrschaft hatte zur Folge, daß beide Linien am Ort Amtshäuser als Zentralen errichteten. Keiner gönnte dem anderen das Schloß, in welchem weiterhin Kanzlei und Archiv verblieben, als Residenz. Der betrübliche Zustand endete erst 1662 bei der Wiedereinsetzung Graf Ernst II., der zu hohen Ehren gekommen war, durch kaiserlichen Beistand. Er hatte mehrere Burgen und Schlösser, darunter Seyfriedsberg, Bissingen, die Hohenburg erworben, sein Sohn Wolfgang konnte 1694 die Herrschaftsrechte in der Grafschaft in vollem Umfang zurückgewinnen.

In der Zwischenzeit, während des Dreißigjährigen Krieges, hatte die Grafschaft Oettingen schwere Bedrängnis, das Burgschloß Wallerstein harte Kämpfe, mehrmals wechselnde Besatzung und endlich gar die totale Zerstörung zu erleiden. Betroffen wurde das Ries in diesem unglückseligen Ringen erst als König Gustav Adolf von Schweden hier erschien. Sein Nachfolger Axel Oxenstierna gab dem schwedischen Generalleutnant Lorenz von Hochkirchen die Grafschaft Oettingen-Wallerstein als Geschenk. Lorenz von Hochkirchen heiratete 1633 die Tochter des Grafen Ludwig Eberhard von Oettingen.

Als die kleine Stadt Wallerstein zur Vergeltung für einen Überfall auf einen schwedischen Posten von diesen gebrandschatzt werden sollte, konnte das Verderben nur durch die Bußzahlung von 12 000 Reichstalern abgewendet werden, immerhin besetzten die Schweden am 1. Mai 1632 das Schloß. Nach der Schlacht bei Nördlingen 1634, in der die Schweden den Kaiserlichen unterlagen, herrschten im Ries chaotische Zustände. Ruhe kehrte dann bis 1634 ein.

Vom 1. Dezember 1643 bis April 1644 waren in Wallerstein kurbayerische Truppen einquartiert, die hier in Bereitschaft lagen, um gegen die verbündeten Schweden und Franzosen anzutreten. Diese letzteren griffen das Schloß an, das ihnen Graf Martin Franz von Oettingen-Baldern übergeben ließ, nachdem sie sich bereits des Tores und des Grabens bemächtigt hatten. Eine Besatzung blieb im Schloß. Nach der Schlacht bei Alerheim am 3. August 1645, eine der blutigsten in diesem Kriege, in der die Franzosen siegreich blieben, wurde von ihnen das Schloß Wallerstein zehn Tage lang geplündert und verwüstet.

Abermals erschienen Franzosen und Schweden 1646 unter dem Schwedengeneral Königsmark, eine Besatzung blieb über ein Jahr, die Grafschaft mußte schwere Kontributionen zahlen. Im Oktober 1647 gelang dem bayerischen Dragoneroberst Kaspar Schock die Einnahme der Veste Wallerstein durch eine List. Mit einem gefälschten Befehl wurde die schwedische Besatzung zum Abzug bewogen, die Bayern übernahmen die Stellung.

Das Hauptquartier der feindlichen Allianz lag in Nördlingen. Von hier marschierte schwedische Artillerie unter Oberst von Bülau am 15. März 1648 vor Wallerstein auf und begann um 15 Uhr mit dem Bombardement. Wenige Stunden später stand das Schloß in Flammen und brannte mitsamt allem Inventar nieder, auch Kanzlei und Archiv gingen zugrunde. Zur totalen Vernichtung hatte auch die bayerische Besatzung beigetragen, indem sie ihrerseits Brand legte, um dem Feind das Schloß nicht als Stützpunkt in die Hand zu geben. Um das Werk der Vernichtung zu vollenden, ließen die Schweden in der Folgezeit alle noch aufragenden Mauern der Brandruine sprengen und einreißen bis nur noch ein Trümmerhaufen am Ort des stattlichen Schlosses blieb, so wie es der Stich von Bodenehr zeigt.

19 Burgruine Wallerstein, Kupferstich von Gabriel Bodenehr um 1720.

Tafel 1 Vogelschauansicht der Harburg im Ries auf dem Bergsporn vor dem Plateau.

6 Die Harburg im Ries

Die Harburg, in alten Urkunden Horeburc, Horburg oder Horburch genannt, kann der Lage nach schon vorgeschichtlich besiedelt gewesen sein, entsprechende Funde fehlen allerdings. Die mittelalterliche Anlage, so wie sie noch heute mit wenig späteren Zutaten erhalten ist, stammt sicher aus dem 11./12. Jahrhundert — 1093 ist eine edelfreie Dame Mathilde von Harburg urkundlich erwähnt —, und die sich zu dieser Zeit in Süddeutschland entfaltende machtpolitische Aktivität der Staufer, läßt diese auch als Gründer der Burg erscheinen.
Friedrich II., Herzog von Schwaben, der Begründer der zielstrebigen Hausmachtpolitik der Staufer, von dem Otto von Freising, der Chronist der Staufer, berichtet, Friedrich sei nachgerühmt worden, daß er am Schwanz seines Rosses stets eine Burg mit sich führe, wandte dem Riesgau sein besonderes Interesse zu. Friedrich von Büren, sein Großvater, war der vermutlich bereits 1030 genannte Graf im Riesgau. Über einen Zeitraum von 100 Jahren erstreckt sich der fortifikatorische und politische Aufbau der staufischen Position im Ries. Von der Burg Hohenstaufen

entlang dem Remstal an der Straße zum Ries lagen Städte und Burgen aus Allodial- und Reichsbesitz, die mit staufischen Ministerialen besetzt waren. Der Donau zu lagen die Burgen Flochberg und Bopfingen, die Harburg und Donauwörth, an der Straße nach Rothenburg lagen Wallerstein und Dinkelsbühl.

Auf der Harburg saß zunächst ein staufisches Ministerialengeschlecht, das sich nach der Burg nannte, König Karl IV., seinem Parteigänger dem Grafen Ludwig III. von Oettingen wohlgewogen, verpfändete diesem zunächst die Stadt Harburg 1251, König Adolf von Nassau gab ihm 1299 auch die Burg zum Pfand. Bereits Graf Ludwig I. von Oettingen hatte in enger Verbindung zum Stauferkönig Konrad III. gestanden, die Grafschaft Oettingen war eine Amtsgrafschaft von König Konrads III. Gnaden. Seither waren die Grafen von Oettingen treue Gefolgsleute der staufischen Könige und Kaiser.

Dem großen Beispiel der Staufer folgend waren auch die Oettinger Grafen darauf bedacht, ihre Macht durch Landbesitz zu erweitern. So begann Ludwig V. zum territorialen Aufbau der „jüngeren" Grafschaft Oettingen mit planmäßigem Erwerb von Pfandschaften, darunter (s. o.) auch der Harburg. Er konnte sich in Anerkennung seiner Dienste an Reichspfandschaften schadlos halten. Ebenso kamen die Grafen von Oettingen unter den Kaisern Ludwig IV. dem Baiern, und Karl IV. als Entlohnung für Dienstaufgaben mehrfach zu Verlängerungen bzw. Erhöhungen der Reichspfandschaft auf Harburg, das heißt zu Einnahmen aus der Stadt- und Judensteuer.

Endlich erlangte Graf Ludwig XI. die Bestätigung der Unteilbarkeit der damals bestehenden Reichspfandschaften, darunter auch für Harburg durch König Ruprecht (1407), sowie die Bestätigung der Unlösbarkeit zu Lebzeiten König Sigismunds (1418). Die Höhe der Gesamtpfandschaft gab die Garantie für die Unmöglichkeit der Ablösung durch das Reich und damit für den uneingeschränkten Besitz an den Pfandgütern. Seither blieb die Harburg in der Hand der Grafen von Oettingen, seit 1731 der Linie Oettingen-Wallerstein, die 1774 gefürstet wurde. Zu den Lehensgerichtsorten gehörte seit dem 14. Jahrhundert auch Harburg, die Burg war später Sitz des Oberamts und Fronfeste. Vorübergehend residierten die Fürsten auf der Burg.

Die Harburg bewacht auf hohem Felsen das Tor, das die Wasser des Riessees in Jahrtausenden aus dem Rieskessel zum Abfluß der Donau zu gespült haben. Hier kreuzt auch die Straße auf schmalen Brückenbögen den Fluß; ein Verkehrskreuz bedurfte der Überwachung.

Zur Burg führt aus der kleinen, hart an den Felsen gedrängten Stadt der Burgweg, der am Tor endet. Vormals war das Tor nur über eine Zugbrücke zugänglich, die hier den sichelförmigen Halsgraben überspannte. Zum ältesten Baubestand gehören die hohe Ringmauer der Kernburg mit dem Wehrgang, der freistehende Bergfried, in dessen durch das

21 Harburg, der Bergfried aus staufischer Zeit. Im oberen Teil des Buckelquadermauerwerks ist unter einem Bogen der vermauerte, ursprüngliche Zugang erkennbar.

22 Fallgatter an der Innenseite des Ringmauertores zum Burghof der Harburg.

Angstloch zugänglichem Schacht vom hoch gelegenen ersten Geschoß aus Gefangene in die Tiefe gelassen wurden. Es gehören ferner dazu auch der zweite, später umbaute und ausgebaute gleichartige Wehrturm und die Burgkapelle, Teil der späteren Schloßkapelle. Von Anfang an war wohl auch der tiefe Brunnenschacht vorhanden, der bis auf die Talsohle gesprengt und gegraben war.

Zahlreich waren die Hindernisse, die ein Angreifer auf dem unmittelbaren Weg zum inneren Burghof zu überwinden hatte. Der Reihe nach standen ihm hier im Wege: der Graben, das Torhaus, eine Barbakane oder Torzwinger, ein zweiter Torbau, dann auf gewinkeltem Weg über die Vorburg ansteigend zum inneren Tor mit schwer beschlagenen Torflügeln, und endlich ein Fallgatter. Dem frontalen Angriff standen Wall mit Gebück und Graben, Zwingmauer mit Basteien, der Zwinger und die vom Bergfried und anderen hohen Türmen überagte Ringmauer entgegen.

Der Kernburg ist die Vorburg auf tieferem Niveau vorgelagert; wohl im 14. oder 15. Jahrhundert legte man auf der Berme zwischen Ringmauer und Graben den Zwinger mit kleinen Basteien an. Zu diesen Wehrbauten gesellte sich in der Kernburg als Wohn- und Wirtschaftsgebäude der wohl im 14. Jahrhundert in der erhaltenen Form erbaute Palas, ferner entstanden im Laufe der Jahrhunderte Speicher, Burgvogtei, Pfisterhaus, Kastenhaus, ein Saalbau und die zur Schloßkirche erweiterte Burgkapelle.

Im Laufe der Zeit wurde der Verwendungszweck der meisten Burggebäude geändert; so dient der Palas nun als Aufbewahrungsort der reichen oettingischen Kunstsammlung und der Bibliothek, die mit vielen Hand-

23 Raum im ersten Geschoß über dem Schacht des Harburg-Bergfrieds mit dem „Angstloch" unter dem Seilaufzug und der Aborttür.

schriften, Inkunabeln und frühen Druckwerken aus europäischen Ländern wahre Schätze birgt. Daneben sind Werke der Plastik und Malerei und des Kunsthandwerks zu bewundern. Der im 15. Jahrhundert erbaute Saalbau wurde 1717 um ein Stockwerk erhöht, die Treppe zum oberen Saal legte man in den seitlich anstoßenden Faulturm. Im prächtig stukkierten Saal wird eine Sammlung von Graphiken verwahrt. Der Wehrgang mit seinen Kugelscharten und Schießfenstern ebenso wie der alte Bergfried, dessen Haspelaufzug über dem Verlies und den Blockgefängnissen des späteren Strafvollzuges original erhalten sind, geben dem Besucher eine gute Vorstellung vom mittelalterlichen Kriegs- und Gerichtswesen.

Abgesehen von der historischen, politischen und wehrtechnischen Bedeutung der Harburg, liegt ihr Wert für die Menschen der Gegenwart nicht zuletzt auch in der Harmonie der Erscheinung, ihrer eindringlichen Schönheit in ursprünglicher Kraft, die sich von allen Seiten, sei es vom Tale her, von benachbarten Höhen oder vom Plateau aus dem Betrachter bietet; in ihrer Unberührtheit ist sie die besterhaltene mittelalterliche Burg in Bayerisch Schwaben.

7 Die Mindelburg

Die Mindelburg, südwestlich von Mindelheim auf steiler Höhe, ein historisch hochbedeutender Platz, hat hinsichtlich ihrer Frühgeschichte viele Fragen offengelassen. Die Quellenforschung führte vielfach nicht zu klaren Erkenntnissen, weil die Stammburg des in der Herrschaft Mindelheim sitzenden Geschlechtes der Mindelberger im 12. Jahrhundert ihre gleichnamige Burg Mindelberg bei Egelhofen war. Diese Namensähnlichkeit mit der Mindelburg macht den Bezug auf das eine oder andere Objekt oft zweifelhaft. Namhafte Forscher vertreten die wohl zutreffende Meinung, die Mindelburg sei unter Heinrich dem Löwen zum Schutze der Salzstraße, die von München über Landsberg nach Memmingen führte, in der zweiten Hälfte des 12. Jahrhunderts angelegt. Wer auch immer der Gründer sein mag, die Grundmauern des Palas sind im 12. Jahrhundert gesetzt, auch typologisch ist dieses Gründungsdatum vertretbar. Erstmals 1363 ist die Mindelburg mit Sicherheit urkundlich genannt als Lehen der Grafen von Hohenburg. Wohl bereits im 12. Jahrhundert war die Mindelburg im Besitz der Mindelberger, Dienstmannen der Welfen, später der Staufer. 1349 wurde die Burg Mindelberg zerstört, das Geschlecht der Mindelberger verlor an Bedeutung. 1363 kam es zum Verkauf der Herrschaft Mindelheim mit den beiden Burgen Mindelberg und Mindelburg durch Elsbeth von Aichheim, Witwe Schwiggers VI. von Mindelberg, ihren Sohn Schwigger VII. und ihre Schwägerin Elsbeth, Schwester Schwiggers VI. an Heinrich von Hochschlitz, Domkustos zu Augsburg und seinen Neffen, den Domherrn Walter von Hochschlitz. Von diesen erwarb bereits 1365 Markwart von Randeck, Bischof von Augsburg die Herrschaft, um den Besitz des Hochstifts in dieser Richtung zu erweitern, doch blieb die Mindelburg bis zur Erledigung der Zahlung in der Hand des als Treuhänder fungierenden Herzogs Friedrich von Teck. Als Kaufpartner folgte auf Markwart von Randeck, der Patriarch von Aquileja wurde, sein Nachfolger auf dem Augsburger Bischofsstuhl, Walter von Hochschlitz. Dieser zahlte seinen Anspruch auf die Mindelburg mit dem Leben, als er im Streit gegen den Treuhänder Herzog von Teck bei der Belagerung Mindelheims tödlich verwundet wurde. Der Herzog behielt das Pfand und behauptete es gegen alle Ansprüche, wahrscheinlich löste er auch die Herrschaft aus dem Hohenburgischen Lehensverhältnis.

Einmal Herr der Burg, baute sie Friedrich von Teck um 1370 aus und machte sie zu seiner Residenz, sie blieb es auch in der nächsten Generation unter Friedrichs Sohn Ulrich. Als dieser 1432 kinderlos starb, kam die Herrschaft auf dem Erbwege an die Herren von Rechberg. Bero von Rechberg verkaufte allerdings bereits 1467 die Mindelburg an die aus Tirol stammenden Brüder Ulrich und Hans von Frundsberg.

Etwas über ein Jahrhundert, von 1467 bis 1586, blieb die Mindelburg im Besitz dieser Familie, die vor allem durch Georg I., den Vater der Landsknechte, unsterblichen Ruhm erlangte. Die Taktik seiner Söldnertruppe brachte den Untergang der bis zum Beginn des 15. Jahrhunderts für unbesiegbar gehaltenen Ritterheere. Georg von Frundsberg wurde 1473 oder 1475 auf der Mindelburg geboren und starb auch hier 1528. Viel bedeutende Zeitgenossen, u. a. Kaiser Maximilian I., Herzog Francesco Sforza, Georg Truchsess von Waldburg, der Bauernjörg, der berühmte Arzt Paracelsus, dessen Schatz Phantasten im Bereich der Burg zu finden hofften, Sebastian Münster und andere waren seine Gäste.

Von einem solchen festlichen Empfang zeugen Fresken im gewölbten Trinkstüblein des sogen. Benefiziatenhauses am Zugang zur Kernburg. Die hohen Herrschaften, die sich hier zu munterem Umtrunk versammelten, sind durch ihre Wappen gekennzeichnet. Demnach wurde das Fest zu Ehren von Maximilian von Berghes zu Zevenbergen, Ritter des Goldenen Vlieses veranstaltet, mit ihm am Tisch sitzen Hans Jakob von Landau, Sophie Schenk von Schenkenstein, Georg I. von Frundsberg und Gräfin Anna von Lodron. Neun weitere Personen, unter diesen zwei Damen von Frundsberg, sind auf dem Fresko im Schildbogen der Längswand dargestellt.

25 Das Wandbild im Trinkstüblein des sogen. Benefiziatenhauses auf der Mindelburg zeigt den Burgherrn Georg von Frundsberg im Kreise illüsterer Gäste.

In der Nachfolge der Frundsberger ging die Mindelburg durch viele Hände, die bayerischen Herzöge waren sehr daran interessiert, dieses wichtige Territorium in Schwaben zu gewinnen. 1646 plünderten die Schweden die Burg, brannten sie aus und hinterließen eine Ruine. Nach der für die Bayern verlorenen Schlacht bei Höchstädt 1704 zog der Kaiser Mindelheim als erledigtes Reichslehen ein und belohnte damit den Sieger der Schlacht, den Earl John of Marlborough. Von 1714 an kam Mindelheim wieder zu Bayern und verblieb mit kurzen Unterbrechungen in diesem Staatsverband, 1878 ging die Burg in Privatbesitz über, in der Gegenwart beherbergt sie einen Verlag.

Älteste Teile der Burg sind zunächst die Gräben, die von Anbeginn den Umfang und die Einteilung der Burg in Kernburg und Vorburg bestimmten. Beide Areale sind durch einen im Süden am Steilhang ansetzenden, hakenförmigen Halsgraben, der nördlich wieder im Hang verläuft, gemeinsam von der Hochebene abgetrennt. Zwischen Vor- und Kernburg liegt ein breiter, gegen den Halsgraben abgemauerter Abschnittsgraben als Sicherung des Sporns. Dem Torturm der Vorburg ist eine zinnenbekrönte Barbakane vorgebaut, Wirtschaftsgebäude — darin eine Schloßschenke — flankieren den Turm.

Über eine Brücke erreicht man die Kernburg, am Zugang steht das vorerwähnte Benefiziatenhaus. Im geräumigen Burghof findet man an der Feldseite die Ruine des Bergfrieds, der heute als Aussichtsturm dient, ein Treppentürmchen, wohl späterer Ersatz für die ursprüngliche Leiter, führt zum hochgelegenen Eingang. Das Hauptgebäude, ein rechteckiger Giebelbau, hat im Laufe der Jahrhunderte viele Veränderungen erfahren, der Nordgiebel, der durch Blendfenster und Rundbogenfriese geziert ist, wird durch Erker belebt. An der Hofseite wurde die Schloßkapelle im 18. Jahrhundert angebaut. Gegen den Graben zu ist der nur noch als Brüstung erhaltenen Ringmauer ein Zwinger mit halbrunden Bastionen vorgelegt. Nach wie vor beherrschend steht die Burg als Wächterin der Straße und der Stadt über der weiten Ebene des Mindeltales.

8 Schloß Hohenschwangau

In der welfischen Herrschaft Schwangau saßen im 11. Jahrhundert Ministerialen, die Ritter von Schwangau. Vier Burgen gehörten zu dieser Herrschaft, die Stammburg Hohenschwangau des „castrum Swangowe", das urkundlich 1090 als Besitz Herzog Welfs des Älteren genannt, ist und, wie ein Bericht von 1523 meldet, eigentlich aus zwei Burgen, Vorderhohenschwangau (später Neuschwanstein) und Hinterhohenschwangau (Sylphenturm) bestand, ferner dem Frauenstein und der Burg Schwanstein, die ursprünglich als „Turn, genannt der Swan" 1397 erstmals bezeugt ist. Auf einer dieser Burgen hauste wohl auch der Minnesänger Hiltbolt von Schwangau. Da der Name Hiltbolt bei den Schwangauern mehrfach vorkommt, ist nicht ganz sicher, welcher von diesen der Minnesänger war. Mit großer Wahrscheinlichkeit kann jedoch jener Hiltbolt gemeint sein, der am 3. Mai 1221 beim Friedensschluß des Grafen Albrecht von Tirol

mit dem Bischof Berthold von Brixen in Augsburg als Zeuge auftrat. Dieser Hiltbolt kommt als der mittlere von drei Brüdern, Heinrich, Hiltbolt und Konrad von Schwangau mehrfach als Gefolgsmann des Grafen Albrecht von Tirol in Urkunden vor, letztmalig 1257.
In der großen Heidelberger Liederhandschrift sind 23 Lieder Hiltbolts überliefert. Aus diesen Liedern und spärlichen Berichten läßt sich ein Bild seines Werdegangs gewinnen, der für einen Ritter des hohen Mittelalters typisch war. Da die Schwangauer seit 1191 Ministerialen der Staufer waren und es üblich war, dem Knappen eine ritterwürdige Erziehung an einem Fürstenhof zu erteilen, so kann man vermuten, daß Hiltbolt am Hof seines höchsten Lehnsherrn, des kunstsinnigen Königs Philipp von Schwaben erste Unterweisung in Ritterpflichten und Rittertugenden erhielt und hier in der höfischen Gesellschaft mit Meistern des Minnesangs bekannt wurde, die sein Talent förderten und beeinflußten. Mag sein, daß er von Friedrich von Hausen, von Reinmar von Hagenau, ja gar von Walther von der Vogelweide selbst Anregungen erhielt. Aus seinem tatenreichen Leben ist bekannt, daß er an einem Kreuzzug teilnahm und bis nach Syrien kam. Es dürfte sich dabei um die Kreuzfahrt des Ungarnkönigs Andreas II. von 1217 gehandelt haben, an der auch Herzog Leopold VII. von Österreich mit zahlreichen bayerischen und schwäbischen Edlen teilnahm. Als rechter Minnesänger erwies er sich mit den Versen:

Dem König soll dienen, wo er auch will, mein Leib
Jedoch mein Herz muß hier bleiben
Das hält zu allen Zeiten fest ein Weib

Auf der Burg Schwanstein nahm der letzte Hohenstaufe Konradin vor seinem Zug nach Italien 1267 Abschied von seiner Mutter Elisabeth, der Tochter des Bayernherzogs Otto des Erlauchten. 1428 teilte Ulrich von Schwangau die Herrschaft unter seine vier Söhne. Wieder in einer Hand vereinigt, verkaufte der letzte seines Geschlechtes Georg von Schwangau die Herrschaft und die Burgen 1535 an den reichen Augsburger Patrizier Hans Paumgarten. Bereits 1523 war Schwanstein als „zu keiner Noth noch Wehr dienlich, sondern von ganz dünnem Gemäuer" beschrieben worden. Die Instandsetzung, die Paumgarten durch den italienischen Baumeister Licio de Spari aus Neapel 1538–1541 durchführen ließ, kam fast einem Neubau gleich. Schwanstein wurde nun der Hauptsitz der Herrschaft Schwangau.
Schulden zwangen die Paumgartner später zur Verpfändung, die Herr-

schaft kam an Herzog Albrecht V. von Bayern, der die Schuldbriefe erworben hatte. Unter den Bayernherzögen diente die Burg als Rasthaus zu ihren Jagden im Gebirge. So hielt sich auch Kurfürst Maximilian I. 1623 hier vorübergehend auf, er bewohnte das Rote Haus. 1648 prüfte Oberstleutnant Böckle von Böckleinsau die „Rüstung“, also die Wehrbereitschaft der Burg. In seinem Bericht fand sich die älteste Darstellung, die ein über hohem Sockel stehendes, turmartiges Bauwerk mit Zinnenkranz zeigt.

Der Verteidigungswert wurde dann 1809 im Tirolkrieg auf die Probe gestellt und als zu schwach befunden, durch Beschuß erlitt die kleine Festung so schwere Schäden, daß man sich 1820 entschloß, den ruinösen Bau an Fürst Ludwig von Oettingen-Wallerstein zu verkaufen. Neue Dächer verhinderten dann den weiteren Verfall. 1829 verkaufte der Fürst die Burg an den königlichen Topographen Sommer.

Gelegentlich einer Wanderung in Begleitung seines Bruders Otto und des romantischen Zeichners und Dichters Graf Pocci lernte der seinerzeitige Kronprinz Maximilian von Bayern den Bau kennen. In seiner Begeisterung für die in enger Beziehung zu derjenigen der Welfen und Staufer stehenden Geschichte der Herren von Schwangau, der darin verquickten realen Personen des Rittergeschlechts mit dem sagenhaften Ritter Lohengrin, sowie in seiner schwärmerischen Bewunderung für den landschaftlichen Reiz des Ortes, fühlte sich der Prinz bewogen, die Ruine zu erwerben und wieder aufzubauen. Eine Inschrift am Tor meldet den Vollzug: „*Hohenschwangau* — so hieß hinfort die Burg — *wiederhergestellt von dem Kronprinzen Maximilian von Bayern im Jahre des Herrn MDCCCXXXVI, ausgeführt von Dominik Quaglio.*“

Die Restaurierung der Burg, die 1833 begann, beschränkte sich auf eine Überholung der Fassaden unter Verwendung gotischer Schmuckformen und die Ergänzung durch einige dem gewandelten Zweck entsprechende Anlagen. Zwischen zwei Seen, dem Alp- und dem Schwansee, liegt das Schloß auf einem Felsstock am Rande der Vilser Berge. Man betritt den Burghof durch ein an den Nordturm angeschlossenes, zinnengekröntes Tor mit den Wappen von Pfalz und Bayern. Der merkwürdige, an einer Seite abgerundete Grundriß der Burg wurde beibehalten, durch den 1828 angefügten Turm an der Südwestecke entstand eine fast regelmäßige Hauptfassade. Vormals mag der Bergfried freistehend sich im Bereich des jetzigen Torbaus befunden haben.

Zum Schloß gehört unmittelbar benachbart ein zweiter Bau, der Kavaliersbau, dessen Front der Prinzenbau bildete und dessen unterer Teil

27 Torbau der Burg Hohenschwangau.

lediglich für das Gefolge und die Dienerschaft bestimmt war. König Maximilian II. benutzte Hohenschwangau als Sommersitz. Nach seinem Tode bewohnte seine Gattin, Königin Marie, den ersten Stock, und nachdem diese nach München in die Residenz übersiedelt war, König Ludwig II., der hier seine Jugendjahre verbracht hatte, das zweite Stockwerk.

Die ganze Fülle der Ideen, die der königliche Bauherr mit dieser Restaurierung verband, fand ihren Niederschlag in der Dekoration der Innenräume. Hier war Gelegenheit, in Wandbildern die romantische Genealogie darzustellen, die die ausgestorbenen Herren von Schwangau, einst Lehensleute der Welfen und Staufer, in Verbindung mit den Schyren, den Vorfahren der Wittelsbacher, brachte. Von den lobsamen Herrn der deutschen Sage und Geschichte berichten die Bilder, so von Dietrich von Bern, vom Schwanenritter Lohengrin, von der Brautwerbung des stolzen Langobardenkönigs Authari, vom großen Kaiser Karl und seiner Mutter

28 Hohenschwangau. Das türkische oder Orientzimmer, Schlafzimmer der Königin Marie, möbliert mit Geschenken des Sultans.

29 Schloß Hohenschwangau, kolorierter Stahlstich von Domenico Quaglio (1836–1844), Museum Ulm.

Berta, die ihn in Mühltal bei Starnberg gebar, endlich vom mittelalterlichen Ritterleben und Ruhmestaten der lebenden Wittelbachergeneration. Für mehrere Bilder lieferte Moritz von Schwind die Entwürfe, unmittelbar führte Professor Lindenschmit einen Großteil der Fresken aus.
Einen großen Festtag erlebte das Schloß im Jahre 1864 am Geburtstag König Ludwigs II. Auf dem Alpsee wurde die Ankunft Lohengrins inszeniert, der Flügel-Adjutant Prinz Paul von Thurn und Taxis fungierte in der Titelrolle. Der Hoftheater-Maschinist Penkmaier hatte zu diesem Spektakel einen Schwan hergestellt, in welchem der Adjutant im Kostüm des Helden stehend und singend von der anderen Seite des Sees durch einen Kettenmechanismus herangeflößt wurde. In Begleitung Richard Wagners erwartete der König die Sagengestalt, deren Gesang von der am kleinen hinteren See verborgen aufgestellten Kapelle des 1. Infanterieregiments unterstützt und begleitet wurde. Ein großes nächtliches Feuerwerk vervollständigte den feenhaften Zauber.
Heutigentags tummeln sich am gleichen Ort unübersehbare Scharen von Touristen, deren Autos weite Flächen des Vorgeländes besetzen. Es fällt schwer, in dieser Atmosphäre das nötige Verständnis für die romantischen Vorstellungen des königlichen Bauherrn zu finden, die hier in der einstmals stillen, geheimnisumwobenen Bergwelt wie im Märchen lebten und sich hier selbst als Märchenfiguren verstanden.

9 Ruine Laubenbergstein

Die im oberen Illertal von den Bischöfen von Augsburg zu Beginn des 13. Jahrhunderts zum Schutz der Zollbrücke gegründete Burg Stein war mit einem gleichnamigen Ministerialengeschlecht besetzt. Isolde von Stein brachte dem Konrad von Laubenberg, der ebenso wie sein Bruder Walter Stammvater einer Linie der Laubenberger wurde, die Burg als Heiratsgut ein. Konrad besaß die Burg vor 1238 als hochstiftisches Lehen. Mit seinem Sohn Heinrich von Loubinberch, der 1241 und 1263 im Gefolge des Staufers Konradin in Innsbruck war, ist das Geschlecht erstmals urkundlich erwähnt.

Die Laubenberger, ein angesehenes Allgäuer Geschlecht, Männer wie Frauen von stattlich hohem Wuchs, waren ursprünglich Ministerialen der Abteien St. Gallen und Reichenau. Im 13. Jahrhundert saßen sie als

Lehnsleute des Hochstifts Augsburg auf Laubenbergstein, als Lehnsleute der Grafen von Montfort auf Rauhenlaubenberg östlich von Immenstadt, einer einfachen Turmburg, in welcher laut Vertrag vom 16. X. 1415 der Bischof von Augsburg das Öffnungsrecht hatte. Ihre Stammburg Altlaubenberg war zu Zeit der Staufer Reichslehen, 1525, am 15. Februar, wurde die Burg durch den Lindenberger Haufen geplündert, 1719 wurde sie durch Feuer endgültig vernichtet. Es war ähnlich wie Laubenbergstein ein schlichter, rechteckiger Wohnbau mit einem starken Rundturm an einer Ecke.

Geschickt gelang es den Laubenbergern, sich eine kleine Herrschaft zu schaffen, Walter von Laubenberg († 1412) war als montfortischer Lehnsmann 1400 und 1404 Vogt auf Rothenfels, seine Söhne Völk († 1423) und Hans († 1427) teilten 1410 den Besitz. Der letztere war 1420/21 Vogt zu Wolkenberg gewesen, seine Witwe, Isald von Syrgenstein, erwarb das Bürgerrecht in Kempten und trat damit in Gegensatz zu Graf Hug von Montfort zu Rothenfels, der diesen Übertritt in das Lager seiner Gegner im Städtekrieg 1449/50 durch dreimalige Verwüstung der Burg Laubenbergstein mit 200 Knechten quittierte.

Caspar von Laubenberg, Isalds Sohn, versicherte sich eines besseren Schutzes, indem er in den Dienst des Erzherzogs Sigmund von Tirol trat, er war 1456 Pfleger zu Hohenegg geworden. Bei der Erbteilung 1465 erhielt er die Burg Laubenbergstein, sein Neene Hans die Burgen Rauhenlaubenberg und Altlaubenberg. Sein Nachkomme stiftete wohl um 1520 für die Kapelle der letzteren Burg einen Flügelaltar, der nun in der Kapelle in Riedholz steht.

Caspar von Laubenberg auf Laubenbergstein konnte nun den Besitz planmäßig durch Erwerbung der Herrschaft Werenwag 1467, von Wagegg 1468 und durch die Pfandschaft auf die Herrschaft Hohenegg wesentlich vermehren. Wahrscheinlich erhielt auch zu dieser Zeit die Burg Laubenbergstein ihre endgültige Gestalt, so wie sie in dem Bericht von 1629 beschrieben und auf einer Rekonstruktionszeichnung des 19. Jahrhunderts dargestellt ist. Man kann vermuten, daß das stattliche Ritterhaus und der mächtige Rundturm einen vorangegangenen schlichteren, romanischen Wohnturm ersetzten.

Das Bronzeepitaph in der Pfarrkirche zu Stein für Caspar († 1590) und seine Gemahlin Anna von Freyberg-Eisenberg ist durch Relieffiguren der Muttergottes inmitten, flankiert von je zwei Heiligen, links Leonhard und Christopherus und rechts Barbara und Georg, unter Arkadenbögen geziert. Gleichfalls in der Pfarrkirche zu Stein zeigt der Grabstein des

Hans Johann von Laubenberg diesen in ganzer Gestalt als Hochrelief mit dem redenden Wappen, drei Laubblätter, auf Wappentartsche und Banner, sowie vier Ahnenwappen in den Ecken. Er war 1517 kinderlos gestorben, sein Bruder Hans Caspar und seine Nachkommen brachten es in habsburgischen Diensten zu hohen Ehren.

1588 wurde das Geschlecht der Laubenberger in den Reichsfreiherrnstand erhoben. Die Familie übersiedelte 1559 in das bereits 1555 erbaute Schloß Rauhenzell und überließ die alte, wohl bereits sehr schadhafte Burg Laubenbergstein dem Verfall. Zwar mahnte der Augsburger Bischof Heinrich von Knöringen zu Beginn des 17. Jahrhunderts die Instandsetzung an, auch wurde 1629 der Landammann Alexander Straub von Fluhenstein beauftragt, die Burg zu besichtigen und über den Zustand zu berichten, doch verhinderten die Wirren des Dreißigjährigen Krieges alle Instandsetzungsmaßnahmen, und endlich verkaufte die Witwe Margaretha von Laubenberg 1641 Steinmaterial aus dem Abbruch und besiegelte damit den Untergang der stolzen Burg. Bei besseren Zeitläufen hätte der Bau wohl erhalten werden können, denn der Ammann Straub fand die Gebäude noch unter Dach, allerdings bereits ohne Fenster und Türen. So verblieb nur die Ruine eines Wehrbaus, der nicht dem Ansturm der Feinde, sondern der Entwicklung zu neuen Lebensformen des Adels zum Opfer fiel.

Auf einer Rekonstruktionszeichnung des 19. Jahrhunderts, die sich wohl noch an reicherem Mauerbestand orientieren konnte, ist ein Wohnhaus oder Ritterhaus als rechteckiger, dreigeschossiger Bau mit Satteldach und Treppengiebeln auf einem Felshügel darstellt — das oberste Geschoß in Fachwerk kragt leicht vor — an dessen Ecke ein starker Rundturm angesetzt ist. Auf einem zweiten Felsstock bewacht der quadratische Torturm freistehend den Zugang. Ein im Bericht erwähnter hölzerner Brükkengang verbindet ihn in luftiger Höhe mit dem Rundturm, über eine lange Brücke von der Durchfahrt aus, erreicht man das Tor des Ritterhauses. Toranlage und Zwingermauer vervollständigen den Bestand.

Im wesentlichen ist damit die Anlage wohl richtig dargestellt. Zwei durch einen 10 m breiten, teils ausgesprengten, teils mit gemauerten Wänden befestigten Graben getrennte, diesen um 4—5 m überragende Felskuppen, deren Plateaus sich 25 m über der Straße und ca. 45 m über der Iller erheben, bilden die natürliche Gegebenheit. Insgesamt ist der Hügel ca. 200 m lang und 125 m breit. Auf dem Niveau des Grabens liegt auf der Südostseite zur Iller eine Terrasse, die als Vorburg genutzt war. Auf der größeren Felskuppe stand das Ritterhaus, ca. 18 x 27 m, wohl ein Bau

31 Rekonstruktionsversuch der Burg Laubenberg-Stein, Aquarell 19. Jahrhundert, Museum Immenstadt.

vom Ende des 15. Jahrhunderts mit einem gewölbten Keller, zwei massiven Geschossen, die vermutlich älteres Mauerwerk enthielten und dem Fachwerkobergeschoß unter dem hohen Satteldach.

Im Erdgeschoß befand sich ein „feines Vorhaus" mit verschließbarem Tor und daneben links der Marstall für 12—14 Pferde. Gegenüber lagen zwei Gemächer oder Vorkeller, im vorderen ein „wälscher Kamin". Das erste Obergeschoß enthielt zwei Kornschütten übereinander und zwei dunkle Kammern. Die Wohnräume lagen im zweiten Obergeschoß, wie der Chronist berichtet enge und unbequeme Stuben, Kammern und Flöze, die sehr verwinkelt angelegt waren. In Anbetracht dieser Umstände ist es wohl begreiflich, daß man dies Gewinkel 1555 zu Gunsten eines Neubaus aufgab.

Am Ritterhaus, an der Nordwestecke angebaut, stand ein mächtiger Rundturm von 12 m Durchmesser, der von der Grabensohle aufsteigend das Ritterhaus um ein Geschoß überragte. Er vereinigte die Funktionen eines Bergfrieds und eines Wohnturmes. Das Erdgeschoß in der Höhe des oberen Plateaus diente als Gefängnis, vielleicht war in dem verschütteten Schacht darunter ein tieferes Verließ. Im ersten Obergeschoß befand sich die Amtsstube mit mehreren Wandnischen und zwei Fensternischen. Der Legende nach führte aus einer Wandnische ein geheimer Zugang mit Falltür zum Gefängnis, andere Nischen enthielten Wandschränke und Geräte. Über der Amtsstube lag die Küche mit großem Kamin und darüber die „schöne Stube", von der aus man über den „gehengten Gang" den Brücken- oder Torturm erreichen konnte.

Als Verbindung stand zwischen dem Rundturm und dem Ritterhaus eine Wendeltreppe, von der ein Teil der Innenwand mit Spuren der Stufen erhalten blieb. Eine erweiterte Fensternische in der starken Außenwand enthielt einen Abort. Neben dem Treppenturm lag an der abgelegenen Seite außen im Winkel zwischen diesem und dem Ritterhaus der Platz für den Misthaufen, der auch vom Marstall zu erreichen war, in den auch die Abortröhre einmündete.

Auf der vorderen Felskuppe stand ein quadratischer Torturm von 6,80 m Seitenlänge mit vier Stockwerken, von denen das unterste eine gewölbte Durchfahrt enthielt, zu der vom Hof eine steile Rampe aufstieg und durch die die Brücke zum Ritterhaus über den Graben hinweg zugänglich war. Vermutlich konnte der Weg durch starke Tore und ein Fallgatter gesperrt werden. Die Bestimmung der oberen Geschosse ist nicht überliefert, das oberste enthielt, der Öffnung im Rundturm entsprechend, eine solche zum „gehengten Gang".

An der Südostecke des Torturms stand als „sonderbares Türmlein" die Burgkapelle. Sie ist in den Graben abgestürzt und lediglich durch Putzreste der Tür an der Turmwand und ein in den Vorhof schauendes Fenster zu erkennen. Dem Prüfungsbericht von 1629 zufolge war über dem „ganz zu Haufen" liegenden Altar noch die Altartafel mit zwei gemalten Flügeln unbeschädigt erhalten. Aus der Inschrift war zu entnehmen, daß die Kapelle von Caspar von Laubenberg zu Stein und seiner Gemahlin Anna, geborene Freyberg zu Eisenberg, im Jahre 1450 gestiftet wurde. Der linke Flügel des Altars wird im Schloß Rauhenzell aufbewahrt.

Der hakenförmige Graben oder Zwinger zwischen den beiden Felskuppen, den im Nordwesten und Westen eine hohe Ringmauer rechtwinklig abschließt, ist gegen Osten bastionsartig erweitert und hier von einer Mauer umzogen, die einerseits am Torbrückenturmhügel und andererseits am Ritterhaushügel anschließt. In ihrer Frontwand liegt das eine Burgtor als Einfahrt von der Vorburg aus, das zweite als Ausfahrt dahin liegt im Ringmauerstück, das an die Südecke des Torbrückenturmes anschließt.

Die Enge des Raumes, die für Fahrzeuge kein Wenden zuließ, bedingte die Anlage eines Rundverkehrs um den Torturm herum, wobei noch mit einer Durchfahrt der unvollendete Speicherbau an der Westecke des Torturms zu durchqueren war. Die örtlichen Gegebenheiten erzwangen an diesem Platz ein durchaus ungewöhnliches Bauprogramm.
Bleiben noch zwei kleine runde Ecktürme zu erwähnen, der eine an der Westecke, in der Beschreibung von 1629 als Waschküche und Badstüblein ausgewiesen, und der zweite im Süden am Ansatz der Mauer, die die Vorburg umschloß. Unklar ist die Wasserversorgung der Burg, entweder lag ein Brunnen oder eine Zisterne am Sockel des Brückentorturmes in einer Nische an der Kapellenseite, die nun verschüttet ist, worauf die hier erhaltene Ausmündung eines in Ziegelwerk ausgeführten Kanals deutet, oder ein Brunnen stand im Graben oder auf der Vorburg.
Der Burghügel ist nun derartig bewaldet, daß die Ruine von der Straße aus nicht mehr zu sehen ist. Im Ursprung vertrat die Burg den Typ einer kleinen Turmburg, der hier im Allgäu ebenso wie im ganzen Alpenvorland mehrfach anzutreffen ist.

32 Burgruine Laubenbergstein. Rest des Torturms mit einem Wandstück der Kapelle.

10 Friedberg

Auf der östlichen Randhöhe des Lechtales, am Nordrand der Stadt, steht die Burg Friedberg. Weit schweift der Blick von diesem Standort über die Ebene, in der in geringem Abstand von nur sechs Kilometern die Stadt Augsburg liegt, Bischofsresidenz und seit 1316 endgültig freie Reichsstadt, in der sich zu zahlreichen Reichstagen die Fürsten und Edlen des Reiches versammelten.
Es lag auf der Hand, daß den bayerischen Herzögen an einem derart günstigen Beobachtungsposten viel gelegen war. Möglicherweise stand an diesem Platz, der im 12. Jahrhundert im Interessengebiet der Staufer lag, zu dieser Zeit bereits ein erster Wehrbau. Als das Gebiet mit dem Konradinischen Erbe an Bayern fiel, konnte Herzog Ludwig der Strenge, wie überliefert ist, 1257 die Burg im überkommenen Umfang gründen. Durch Anlage des tiefen, sichelförmigen Halsgrabens, der den Burgplatz auf dem Geländesporn von der Hochebene abtrennt, war die bebaubare Fläche umgrenzt.

Außer der Bestimmung als Wachtposten war jedoch auch die Einrichtung einer Zollstelle an der Salzstraße ein wichtiges Gründungsmotiv. In dieser Funktion erbrachte die Burg, die zunächst mit vier Höfen aus herzoglichem Eigengut ausgestattet war, reiche Zolleinnahmen, die in den Rechnungsbüchern der Herzöge verzeichnet wurden. Erhoben wurde der Zoll an der Lechbrücke im Schutzbereich der Burg, hier erbrachte z. B. 1480 der Salzzoll 460 fl., was etwa 69 Prozent der Gesamteinnahmen ausmachte.

Nachdem Friedberg 1310 bei der zweiten Teilung Bayerns an Bayern-Ingolstadt gekommen war, fielen Stadt und Burg 1329 im Hausvertrag von Pavia Kaiser Ludwig dem Baiern zu. Um die Verbesserung der Stadtwehr und den Ausbau der Burg machte sich besonders Herzog Ludwig im Barte wie z. B. in Rain am Lech, Lauingen an der Donau und weiteren Städten seines Herrschaftsbereichs verdient, eine Inschrift von 1409 bezeugt seine Initiative. Herzog Wilhelm von Bayern-München versuchte vergeblich, die Veste zu erobern, er mußte die Belagerung aufgeben. Glücklicher war dabei Ludwigs des Gebarteten Sohn Ludwig der Bucklige. Heinrich von Schwangau, der Pfleger am Ort als Statthalter des Vaters, mußte mit seiner Besatzung von 46 Verteidigern, nach einem halben Jahr ausgehungert, die Burg übergeben.

Ludwig mit dem Bühel residierte hier und überließ nach seinem frühen Tod die Burg seiner Gemahlin Margarethe Markgräfin von Brandenburg als Wohnsitz. 1445 fiel die Burg an die reichen Landshuter Herzöge. 1568 bewohnte Herzog Wilhelm V. von Bayern (1579–1597) die Burg, die zu dieser Zeit zum Renaissanceschloß umgestaltet wurde, mit seiner Gemahlin Renata von Lothringen und deren Mutter Herzogin Christine von Lothringen. Gäste auf Friedberg waren seinerzeit Erzherzog Maximilian, Erzherzog Matthias (1609 König von Ungarn, 1612 Kaiser) und Sebastian Schertel von Burtenbach, Augsburgischer Feldhauptmann.

Nachdem bereits 1541 ein Brand Schäden verursacht hatte und den Wiederaufbau notwendig machte, wurden 1632 die Stadt und die Burg durch die Schweden verwüstet, die sich damit für vorangegangene Vernichtung ihrer Besatzung durch Kaiserliche rächten. Abermals zerstörten 1646 Schweden und Franzosen die kaum wiederhergestellte Burg. Weitere schwere Schäden erlitt Friedberg im spanischen und österreichischen Erbfolgekrieg sowie in den napoleonischen Kriegen. Im 19. Jahrhundert diente das Schloß als Sitz verschiedener Ämter.

Auf dem einst kahlen Burghügel lassen gegenwärtig hohe Bäume kaum einen Blick auf das trutzige, schmucklose Geviert des Burggebäudes frei.

34 Die Brücke über den Halsgraben führt zum Torbau der Burg Friedberg, den der Bergfried überragt.

Eine vormals hölzerne, auf mehreren Pfeilern den tiefen Graben überspannende Brücke, ist nun durch eine stabile aber dafür weniger schöne Betonbrücke ersetzt, und mit dieser Neuerung erübrigt sich auch die vormals von der Barbakane vor dem Torhaus aus bediente Zugbrücke. Aus der gewölbten Torhalle führt ein mit Kreuzgewölben überdeckter Gang seitlich am Bergfried vorbei in den trapezförmigen Schloßhof. Der quadratische, die Baumasse überragende Bergfried, heute ganz von Bauteilen in den unteren Geschossen umschlossen, ist zum Schutze des Tores und der Brücke an der meist bedrohten Stelle der Burg an der Südwestecke errichtet. Vier zweigeschossige Flügel umschließen den Hof, an drei Seiten öffnen sich hier die Fassaden in Arkaden, die im Erdgeschoß meist offen, im Obergeschoß nachträglich geschlossen stehen.
In gegenwärtiger Verwahrlosung bietet dieser, in seiner noblen Renaissancegliederung repräsentative Hof ein trauriges Bild. Im Gegensatz zu

den symmetrischen Arkadenfronten steht die unregelmäßig bewegte, durch einen Erkervorbau und das in einem Rustikafeld stehende Tor belebte Südseite.
Die ganze Vierflügelanlage ist mit einem hohen, allerseits abgewalmten Satteldach bedeckt. Am Nordabhang steht am Grabenrand außen ein vorgeschobener Rundturm mit Schießscharten als Vorposten. Das in der Stadtsilhouette als Eckpfeiler wirkende Schloß beherbergt gegenwärtig neben einigen Wohnungen das Vermessungsamt und das Heimatmuseum.

11 Kronburg

Wie die meisten der schwäbischen Burgen, hat auch die Kronburg im Laufe der Jahrhunderte unter wechselnder Herrschaft mehrfach bauliche Veränderungen erfahren, die zumeist durch Zerstörungen, Wiederaufbau und Anpassung an gewandelte Ansprüche und neue Zweckbestimmungen bedingt waren. Am Beginn stand eine bescheidene staufische Burg, der Bergfriedstumpf aus dem 12. Jahrhundert innen in der Nordwestecke und Grundmauern des Nordflügels zeugen von dieser ersten Anlage. Nach dem Tode Welfs VI. hatten die Staufer dessen Lehengüter um Memmingen zum Herzogtum Schwaben gezogen, in diesem Zusammenhang wohl die Kronburg erbaut und mit Ministerialen besetzt, die sich nach der Burg benannten. 1268 kam die Burg an die Habsburger als deren ältester Besitz im heutigen bayerischen Schwaben, den sie alsbald verpfändeten.

Als habsburgisches Pfand ging die Burg in den Besitz der Lautrach, die sie 1373 an Brun von Uttenried verkauften. Die Tochter des letzten Uttenrieders brachte die bereits sehr schadhafte Burg ihrem Eheherrn Hans von Werdenstein (1460–1477) als Heiratsgut zu. Abermals ging der Besitz mangels männlicher Nachkommen durch die Töchter dieses Paares um 1478 an Jörg von Rechberg, den Ahnherrn einer eigenen Linie des Hauses Rechberg, der auch vermutlich die verfallene Burg wiederherstellte. Die Rechberger erwarben teils lehenbare, teils allodiale Grundherrschaften in den umliegenden Dörfern Kronburg, Illerbeuren und Greuth und bildeten eine zur Reichsritterschaft in Schwaben, Kanton Donau steuerbare Herrschaft Kronburg, in welcher sie die Niedergerichtsbarkeit ausübten und ab 1515 auch den vom Reich zu Lehen gehenden Blutbann erhielten. Unter den Rechbergern wurde dann wohl die noch bestehende Vierflügelanlage mit Ecktürmen geschaffen, die den frei in der Landschaft stehenden Burghügel bekrönend, so recht den Namen Kronburg rechtfertigt.
Nachdem die Rechberger 1604 ausgestorben waren, zog als neuer Herr Wolf Christian von Westernach 1617 in das Schloß, das sein Onkel, der Deutschordensritter und spätere Hochmeister Johann Eustach von Westernach für ihn erworben hatte. 1693 wurde das Geschlecht, das eine beträchtliche Zahl geistlicher Würdenträger stellte, in den Freiherrnstand erhoben, zu den bedeutendsten Gliedern der Familie gehört Eustach Egolf von Westernach, Weihbischof von Augsburg, der um 1690 auf der Kronburg residierte.
Der Dreißigjährige Krieg brachte für die Kronburg mehrfach Besetzung und Beschädigung durch Österreicher, Schweden und rebellierende Untertanen. Zu diesen Schäden kamen weitere im Verlauf des spanischen Erbfolgekrieges. In den Jahren 1702–1704 wechselten kaiserliche und französische Besatzungen, Schanzen wurden um das Schloß aufgeworfen, mit der Schleifung der Türme wurde begonnen. 1704–1705 konnten die Schäden behoben, die Türme wieder aufgebaut werden. Zu dieser Zeit wurde auch die Schloßkapelle im Inneren neu gestaltet, 1738 erfolgte auf dem hinteren Schloß die Erneuerung des Dachstuhls durch Meister Nicolaus Egensberger in Cronburg. Noch einmal hatten die Schloßbewohner 1806 unter französischer Einquartierung zu leiden. Mit Johann Ignaz Frhr. von Westernach, kgl. bayerischem Kammerherrn und Oberstleutnant, starb das Geschlecht 1844 im Mannesstamm aus. Seine Tochter Maria Theresia heiratete den Frhrn. Johann Baptist von Vequel, ihre Nachkommen, noch heute Herren auf der Kronburg, nennen sich seither

Tafel 2 Kapellenraum der Kronburg mit dem Rokokoaltar von 1765.

in Fortführung der Tradition Vequel-Westernach. Der derzeitige Herr der Burg, Franz Frhr. von Vequel-Westernach, läßt sich die Pflege und Erhaltung des Baudenkmals angelegen sein.
Wie bereits gesagt, wurde die Uranlage im Laufe der Zeit durch Anfügung zu einer Vierflügelanlage ausgebaut, an deren Ecken Rundtürme stehen, an der Westseite bis zur Traufe reichend, im Osten noch darüber hinausgeführt, alle mit Zwiebelhauben. Gewölbte Räume und Schießscharten deuten in diesen Türmen auf den Wehrcharakter, im Verließ des Südwestturmes erwarteten Missetäter ihre Aburteilung.
Die vier Flügel stehen um einen langgestreckten, durch Tore im Westen und Osten zugänglichen Hof. An der Nordwestecke steht ein hoher Satteldachbau, er umschließt Grundmauern des Bergfrieds und zwei zu einer mittelalterlichen Erdgeschoßhalle gehörige Rundpfeiler aus Tuffblöcken. Ein wehrganggekrönter Mauerzug mit altanartigen Erweiterungen an beiden Enden an der Nordseite stellt die Verbindung zu dem innen zwei-außen dreigeschossigen Ostflügel her.
Über dem Stichbogentor an der Ostseite ist in einer Wandnische ein Wappen gemalt, ebenso ist die Holzdecke in der Durchfahrt geziert,

36 Kronburg. Blick von der Torhalle in den Burghof.

Architekturmalerei gliedert hier die Wände. Vom hofseitigen Gang im Obergeschoß führen sieben Türme in aufwendigen Gewänden mit flankierenden, gedrehten Säulen zu den reich dekorierten Räumen und anschließenden Turmzimmern. Dem Raumschmuck dienen Deckenstukkaturen von Elias Zimmermann, Mang und Simpert Kraemer um 1693 und Malereien, Leinwandtapeten, meisterhaft gearbeitete Türstöcke mit Supraportenbildern, Kamine und kostbare Öfen.

Dem Westteil des Untergeschosses im Südflügel ist die Schloßkapelle eingefügt, ein kleiner Saal zu fünf Achsen mit flachem Tonnengewölbe und Stichkappen, im Westen eine kleine Empore auf Säulen. Das Dekkenbild, Heimsuchung Mariä, ist I. M. Koneberg 1766 signiert. Im Altaraufbau mit reichem Rocailledekor um 1765 steht das Bild der Muttergottes umgeben von musizierenden Engelsputten, das 1621 dem Maler Gabriel Dreer von Ottobeuren in Auftrag gegeben war. Auf den Stifter, den Deutschordensritter Johann Eustach von Westernach, deutet sein Wappen in der rechten unteren Bildecke. Über dem reich verkröpften, durchbrochenen Gebälk zwischen Putten und Voluten ist im Auszugsbild Gottvater dargestellt. Im Obergeschoß des Südflügels befindet sich ein durch Zwischenwände geteilter großer Saal mit Arabeskenmalereien an der kassettierten Holzdecke. Zur Ausstattung gehört hier ein Ofen aus Gußeisenplatten von 1699 mit Kacheloberteil von 1730, der auf grün glasierten Löwenfüßen steht.

Im Westflügel endlich öffnet sich die rundbogige Einfahrt unter dem Westernachschen Doppelwappen um 1690, gegen den Hof stehen im Untergeschoß zwei korbbogige Arkaden. Eine zweischiffige, wohl noch spätmittelalterliche Halle nimmt den Nordteil des Erdgeschosses ein, im Zwischengeschoß ist unter Tonnengewölbe ein Gefängnis untergebracht und im Geschoß darüber befindet sich nach Norden eine kassettierte Holzdecke und nach Süden das sog. Goldene Zimmer, ein Raum mit hölzerner Wandverkleidung mit vergoldeten Profilen und Muschelwerkdekor.

So steht die Kronburg heute im wesentlichen als Renaissanceschloß, sowohl als Bautyp wie auch durch die Ausstattung, da, doch gibt ihr geschlossenes, wehrhaftes Äußere noch durchaus auch ein Anrecht auf den Namensteil „Burg“.

12 Das Hohe Schloß in Füssen

Füssen war als Siedlung in Anlehnung an die vor der Mitte des 8. Jahrhunderts gegründete Zelle des hl. Magnus entstanden. Die Advokatie über das aus der Zelle entwickelte Kloster hatte im 13. Jahrhundert das Hochstift Augsburg. 1269 erhob Herzog Ludwig der Strenge von Bayern Ansprüche. Die Wittelsbacher hatten nach Konradins tragischem Tod den staufischen Besitz am Lechrain geerbt, jedoch zwang sie der Bischof von Augsburg, Hartmann Graf von Dillingen, 1270 in blutiger Fehde zum Verzicht auf die Advokatie und verbot die Fortsetzung der Bauarbeiten an der bereits auf dem Hügel neben dem Kloster begonnenen Burg. Füssen blieb somit hochstiftische Vogtei, aus der Reihe der Vögte, advocatus betitelt, ist der Name Georgs von Schwangau überliefert, der 1287 in einer Urkunde bezeugt ist.

1292 kam ein Vergleich zustande, in welchem der Herzog von Bayern bekundete, keine Burg auf dem Berg mehr bauen zu wollen. Im Jahr 1310 verpfändete Kaiser Heinrich VII. die Stadt Füssen an Friedrich Spät

von Faimingen, Bischof von Augsburg (1309–1331) um 400 Mark Silber, 1313 konnte Friedrich auch die Vogtei über Stadt und Kloster erlangen. Da der Berg, auf dem die von den Wittelsbachern begonnene, wohl aber sehr bald vom Hochstift Augsburg weiter ausgebaute Burg stand, dem Kloster gehörte, ertauschte Bischof Friedrich, der in der Burg bereits 1317 geurkundet hatte, diesen am 5. Oktober 1322 für das Hochstift gegen ein Gut, eine Hofstätte und zwei Gärten am Schloßberg Hopfen. In der Burg, von der derzeit bereits die Ringmauer mit Türmen und der Bergfried standen, saßen fortan die hochstiftischen Vögte, Pfleger und Kastner, gleichzeitig mit dem Ausbau der Burg wurde auch die Stadt ummauert.
Entscheidende Verbesserungen an der Burg, hinsichtlich der Sicherheit, aber auch zur bequemeren Wohnlichkeit, geschahen unter Bischof Friedrich II. von Zollern (1486–1505). Er ließ den tiefen Halsgraben vor der Front aus dem Felsen aussprengen und schuf damit ein für die Zeit unüberwindliches Hindernis. Die an Burggebäuden aufscheinenden Jahreszahlen 1490, 1494, 1499, 1503 zeugen von reger Bautätigkeit an Wohn- und Wehranlagen in dieser Periode. 1503 verbrachten Kaiser Maximilian I. und seine Frau Bianca Maria, die Sommermonate auf der Burg.
Um 1500 war die bauliche Entwicklung der Burg, die seither „Hohes Schloß“ genannt wurde, abgeschlossen, sie blieb im wesentlichen unverändert in ihrer mittelalterlichen Erscheinung erhalten. Um 1680 ließ Bischof Christoph von Freyberg Zimmer im Nordflügel und die Kapelle St. Veit umgestalten, Wessobrunner Stukkateure, Johann Schmuzer und Simon Bader, arbeiteten 1687 im Schloß.
1745, am 22. April, wurde hier der Friede zwischen Österreich und Bayern nach dem österreichischen Erbfolgekrieg unterzeichnet. 1798/99, in den napoleonischen Kriegen, diente das Schloß als österreichisches Zentrallazarett. Bemerkenswerte Daten sind außerdem: 1800 Besetzung durch die Franzosen, 1862/63 Verlegung des Amtsgerichts in den Südflügel, 1931 Eröffnung einer Zweiggalerie der Bayerischen Staatsgemäldesammlung und 1957/58 Freilegung und Renovierung von gemalter Architekturdekoration des späten 15. Jahrhunderts an der nördlichen Hoffassade.
Als typisches Beispiel einer Zungenburg ist die Burg auf dem Sporn eines östlichen Ausläufers der Solaberge angelegt, der vorerwähnte Halsgraben an der Westseite, der wohl zunächst als Mulde bestand und um 1490 verbreitert und vertieft wurde, trennt die Burg vom Plateau. Gegen Osten und Norden sichern Steilabfälle den Platz, der sanfte Hang gegen Süden, über dem auf einer Uferbank liegenden Kloster, ist durch einen breiten Zwinger vor der Ringmauer, in welchem auch der Burgweg verläuft,

Tafel 3 Die Stadt Füssen mit dem Hohen Schloß.

gesichert. An der Front gegen Westen hinter dem Halsgraben steht der mächtige, an der Feldseite halbrunde Bergfried, eingespannt in die hohe Ringmauer, die wie ein Schild hier den Burgplatz sichert. Die ungewöhnliche Grundrißform des Bergfrieds, die an vergleichbare Burgtürme im vorderen Orient erinnert, ist in Schwaben einmalig. Der Storchenturm bildet den Eckpfeiler nach Nordwesten, der Torturm an der Ostspitze des etwa dreieckigen Beringes schützt den Zugang, der Dreifaltigkeitsturm nach Norden, ein Rechteckturm, und der Fallturm gegen Süden, halbrund, treten aus der Mauerflucht nach außen vor.

38 Reliefbüste der hl. Barbara von der um 1500 wohl von Jörg Lederer geschaffenen Decke im Rittersaal im Hohen Schloß zu Füssen.

Wohngebäude sind an die nördliche, westliche und südliche Ringmauer angefügt. Im Nordflügel befindet sich, über eine enge Wendeltreppe zugänglich, der Rittersaal im zweiten Obergeschoß mit der reichen, spätgotischen Holzkassettendecke, an der in Reliefschnitzerei die Muttergottes samt allen Patronen und Schutzheiligen der Diözese zu einem Gnadenhimmel versammelt sind. Der Auftraggeber, Bischof Friedrich II. von Zollern ließ sich durch sein Wappen dokumentieren, als Meister des Kunstwerks gilt der Bildschnitzer Jörg Lederer. Weitere Räume sind mit einfachen Holzdecken, teilweise mit Kachelöfen oder Kaminen ausgestattet.

Sensationell aber ist die Hoffront dieses Flügels, an der unter Tünche verborgen eine reiche Dekorationsmalerei (um 1500), die sogar zwei Erker vortäuscht, freigelegt werden konnte. Der Bischof schuf sich damit einen noblen gotischen Palast, der seinesgleichen suchen konnte.
Weniger aufwendig ist der Südflügel gestaltet, in der Nordostecke steht der Treppenturm, den ein Steinrelief mit der Muttergottes zwischen den Bistumsheiligen St. Ulrich und Afra ziert, hier ist der Bauherr Friedrich von Zollern mit der Jahreszahl 1503 verewigt. Am Ostende des Flügels ist die St.-Veits-Kapelle angefügt, ein schlichter Saal mit eingezogenem Chor. Wessobrunner Stuck um 1680 schmückt den Raum.
Dergestalt ist das Hohe Schloß in Füssen im Äußeren eine wohlerhaltene mittelalterliche Burg mit allen für den derzeitigen Wehrbau charakteristischen Elementen, der Hofraum dagegen präsentiert sich als gotisches Burgschloß von pittoreskem Reiz.

39 Hohes Schloß in Füssen, restaurierte Hoffront des Palas mit dekorativer Malerei um 1500.

13 Schloß Wertingen

Das 14. Jahrhundert war für Bayern eine Zeit der Bruderkriege. Der Teilungsvertrag von Pavia 1329, in dem sich Kaiser Ludwig der Baier mit den Söhnen seines Bruders einigte, hatte keinen Bestand. Als Ludwig 1347 starb, hinterließ er seinen sechs Söhnen ein reiches Erbe an Besitzungen im Stammland und auch auswärts. Nachdem die auswärtigen Besitzungen bald wieder verloren waren, fanden unter den einzelnen Linien zahlreiche Streitigkeiten und gar Kriege statt, in denen viel Blut vergossen, großer Schaden angerichtet wurde, den Bauern und Bürger zu tragen hatten. Eine gewisse Ordnung kehrte erst wieder ein, als es der Linie Bayern-München gelang, den größten Teil des bayerischen Erbes wieder zu vereinigen. Die Leidtragenden dieser fürstlichen Querelen waren die Städte und das flache Land, denn die Verwüstung war zu jener Zeit ein oft angewendetes Mittel der Kriegführung.
Diese politische Konstellation bestimmte auch zeitweilig das Schicksal von Wertingen, das mit dem konradinischen Erbe an Bayern gefallen war

und 1278 durch Herzog Ludwig den Strengen zur Stadt erhoben und wohl auch bald befestigt wurde. Im 14. Jahrhundert besaßen die Edlen von Hohenreichen Wertingen als herzoglich bayerisches Lehen, das dann Siegfried von Hohenreichen 1348 an den Augsburger Patrizier Johann Langenmantel verkaufte. Dieser ließ als neuer Grundherr hier westlich der Stadt außerhalb der Stadtbefestigung 1354 ein Schloß erbauen und mit einem tiefen Graben umgeben. Welcher Gestalt das Schloß war, ist nicht bekannt, es dürfte aber wohl als ein spätgotischer Manoir-Typ nicht viel anders ausgesehen haben als das noch erhaltene Schloß.

Die Langenmantel sollten jedoch dieses Besitzes nie recht froh werden, bereits 1372 erschienen die Oberbayern in feindlicher Absicht vor der Stadt. Gegen Zahlung einer Brandschatzungssumme von 2100 fl. waren sie geneigt, ihre unfreundliche Absicht aufzugeben. Jedoch 11 Jahre später, 1383, standen diesmal die Schongauer, Füssener und Kaufbeurer vor den Mauern. Da sie ihnen zu fest erschienen, kühlten sie ihr Mütchen da, wo es weniger mühsam war und verwüsteten die Umgegend. Ernster wurde die Lage 1388, als Bayern und Höchstädter die Stadtwächter überrumpelten, plündernd und brennend in die Stadt eindrangen und ziemlich sicher auch dem Schloß großen Schaden zufügten.

Abermals hatte Wertingen eine Plünderung im Jahre 1462 zu erleiden, als der Bayernherzog Ludwig der Reiche von Landshut mit 6000 Mann gegen die Stadt zog. Wieder wurde diese abgebrannt, dem Schloß dürfte es nicht besser ergangen sein.

Die Brüder Wilhelm und Hartmann Langenmantel, der immer wiederkehrenden Bedrohung und Schädigung ihres Eigentums überdrüssig, verkauften das Schloß und die Herrschaft Wertingen 1467 bzw. 1469 an Marschall Mang I. von Pappenheim. Das bestimmt inzwischen instandsetzungsbedürftige Schloß — es war mittlerweile über hundert Jahre alt und mehrfach beschädigt — dürfte zu dieser Zeit durch einen wesentlichen Umbau oder Neubau seine endgültige Gestalt erhalten haben. Die Pappenheimer, die die Burg Hohenreichen um 1400 von den Truchsessen von Hohenreichen, ehemaligen Lehnsleuten der Bayernherzöge in Hohenreichen und Wertingen, erkauft hatten, nannten sich nach dem Erwerb von Wertingen Erbmarschälle von Pappenheim, Freiherrn zu Wertingen und Hohenreichen. 1568 übersiedelte Marschall Veit von Pappenheim zu Hohenreichen, der bis dahin die alte Burg bewohnt hatte, in das Schloß zu Wertingen, er hatte nach dem Tode seines Bruders Christoph die „innere" und „äußere" Herrschaft zur Herrschaft Wertingen-Hohenreichen vereinigt.

Im Dreißigjährigen Krieg kam das Schloß glimpflich davon, obwohl sich das Kriegsgeschehen oft in unmittelbarer Nachbarschaft abspielte. Nach der von den Bayern verlorenen Schlacht bei Alerheim im Ries, einer der blutigsten dieses verheerenden Krieges, in welcher der bayerische General Mercy fiel, drangen Franzosen und Schweden ungehindert nach Süden. Am 17. Mai 1648 schlugen dann Turenne und Wrangel den kaiserlichen General Melander bei Zusmarshausen, also in nächster Nähe von Wertingen, und der bayerische General Gronsfeld wurde zum Rückzug über den Lech gedrängt. Schwabens und Bayerns Dörfer und Städte hatten in dieser letzten Phase des großen Ringens die volle Last des grausamen Krieges zu tragen, Kurfürst Maximilian aber war nach Salzburg geflohen.

Mit der Neugestaltung des alten Schlosses um 1500 dürfte auch der am inneren Grabenrand, in der Ecke des kleinen Vorhofes frei stehende Rundturm erbaut sein, der wohl ursprünglich zum Wächter neben der Zugbrücke bestimmt war und später der Überlieferung nach die Schloßkapelle enthielt. Das oktogonale, zweigeschossige Oberteil über dem Dreipaßfries, das durch Blendfelder mit Eselsrückenbögen unten und Stichbögen oben gegliedert ist, in welche Kreis- bzw. Stichbogenfenster ein-

41 Brücke zum Schloßportal in Wertingen mit dem um 1500 erbauten Wachtturm.

gefügt sind, könnte etwas später um die Mitte des 16. Jahrhunderts aufgesetzt worden sein. Nach den Nöten des Dreißigjährigen Krieges, als allerorts neue Bautätigkeit begann, entschloß sich Adam Wolfgang Christoph von Pappenheim 1654 dem Altbau als Erweiterung ein zweites, fast gleichgroßes Schloß anzufügen. Die Fassade gegen die Stadt ist durch einen mittleren runden Bodenerker und einen polygonalen ebensolchen Eckerker belebt.
Beide Baukörper sind ansonsten, wenn man von den Maßwerkfriesen am alten und Traufgesimse am neuen absieht, schlicht nur durch die regelmäßige Anordnung der Fenster, hier in weiterem Abstand, dort näher beisammen, gegliedert. Beide Häuser haben Satteldächer und glatte Giebel, ein hohes Kellergeschoß und bei etwa gleicher Traufhöhe im Altbau zwei, im Neubau drei Obergeschosse.

42 Schloß Wertingen nach einem Aquarell aus der Biedermeierzeit.

Nachdem das Geschlecht der Pappenheimer 1700 im Mannesstamme erloschen war, fiel die Herrschaft an Bayern zurück. Für 10 Jahre kam das Lehen noch an die Fürsten Lobkowitz. Dann nahm hier ein kurbayerisches Pfleggericht Quartier und fortan blieb das Schloß bis zur Gegenwart ein Amtsgebäude. 1862 teilten sich Verwaltungs- und Justizbehörde die verfügbaren Räume, bis 1904 das Amtsgericht benachbart einen eigenen Bau erhielt. Neuerdings hat, nachdem die Gebäude erst 1969–1971 als Landratsamt gründlich restauriert wurden, die Gebietsreform wieder neue Bewohner in den Doppelbau gebracht. Die Verwendung als Behördenbau, die Umgestaltung im Inneren notwendig machte, ließ von der ursprünglichen Raumgestaltung nichts übrig.

Im Schatten der großen Linden an der Promenade am äußeren Grabenrand genießen die Bürger noch ein wenig beschauliche Ruhe beim Anblick eines wohlerhaltenen und gepflegten Baudenkmals, das an gute und böse Tage der Stadtgeschichte erinnert.

14 Schloß Babenhausen

Als Hintergrundkulisse steht am Ende der breiten Hauptstraße des Städtchens Babenhausen im lieblichen Günztale das Fuggerschloß auf der Höhe, das die Pfarrkirche mit ihrem charakteristischen Turm in das dominierende Bild des Baukomplexes einbezieht. Der Markt zeigt mit seinen Anwesen von Ackerbürgern und Handwerkern das typische Bild einer altschwäbischen Siedlung, die im Schutz von Schloß und Kirche wohlbehütet gedeiht. Die umfangreiche Schloßanlage, äußerlich schlicht gestaltet, präsentiert sich als frei komponierte Gruppe verschiedener Bauelemente, die durch die mächtige Substruktion mit zum Torturm auf der Höhe ansteigenden Rampe ein imponierendes Bild von herrschaftlicher Wirkung bietet.

Bereits 1237 ist hier von einer Burg berichtet, die zusammen mit der Herrschaft Kellmünz Besitz der Pfalzgrafen von Tübingen war, welche diese zu Ende des 13. und Beginn des 14. Jahrhunderts den Herren von Schönegg als Lehen überließen. Es folgten von 1331–1357 die Herren von Rotenstein und seit 1378 die Ritter von Rechberg, die es vermochten, bedeutenden Güterbesitz in Ostschwaben zu gewinnen. Ihr glücklicher Besitzstand befähigte sie wohl auch dazu, an die Stelle der ersten Burg ein festes Haus, den sog. Rechbergbau zu setzen, der noch heute in seiner Massigkeit den südlichen Eckpfeiler des ganzen Schloßkomplexes bildet.

In eben dieser Zeit begannen die Fugger ihr Interesse von rein merkantiler Betätigung allmählich mehr auf Landerwerb und die Schaffung eines ausgedehnten Güterbesitzes zu verlegen, wobei es ihr Bestreben war, die Stelle der Familie Rechberg in Schwaben einzunehmen. So krönte Anton Fugger die Reihe großer Erwerbungen mit dem Ankauf der Herrschaft Babenhausen, er legte damit südöstlich von Weißenhorn, vom Günztal bis zur unteren Iller hinüber, einen Schwerpunkt Fuggerscher Herrschaft.

Über den Erwerb von Anteilen an den Gütern Babenhausen und Brandenburg führte Anton Fugger am 3. Juli 1538 mit den mit ihm verwandten Rittern Jörg von Rechberg-Hohenrechberg zu Kellmünz und Jörg von Rechberg zu Kronburg Verhandlungen. Am 20. Dezember des gleichen Jahres konnte er von Herzog Ulrich von Württemberg die Lehenschaft über Schloß und Markt Babenhausen um den beträchtlichen Preis von 36000 Goldgulden erwerben. Somit zum Lehnsherren geworden, brachte

44 Schloß Babenhausen, Stadtfront, nach einem Kupferstich von S. C. Maj und M. Engelbrecht, 18. Jahrhundert.

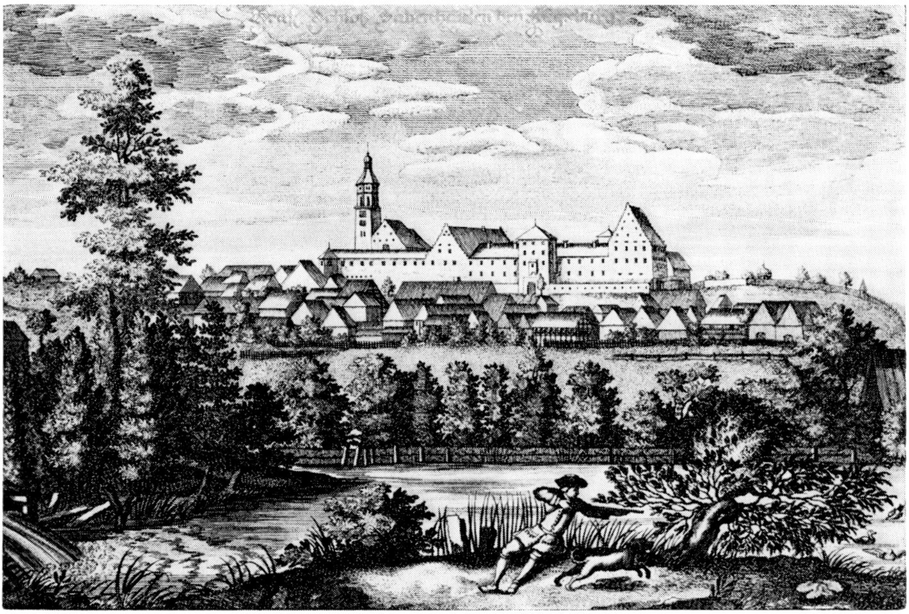

der am 23. Januar 1539 vollzogene Kaufabschluß, den Anton Fugger und sein Neffe mit den Brüdern Jörg und Gaudenz von Rechberg um 68 000 fl. rhein. vollzogen, dem Hause Fugger den eigentlichen rechtlichen Besitz des ursprünglich dem vom Herzogtum Württemberg lehnbaren Babenhausen und des vom Erzhaus Österreich lehnbaren Brandenburg.
Von 1541 an begannen Bauarbeiten zum Ausbau des Schlosses in Babenhausen, dabei handelte es sich um die Erstellung des „neuen Hauses", für das Baukosten in Höhe von 36 000 fl. anfielen. Für 1543 ist die Lieferung von 26 000 Glasscheiben, die in fünf Truhen verpackt antransportiert wurden, im Rechnungsbuch vermerkt, ein Umstand, der auf weitgehende Fertigstellung des Rohbaus deutet. Auch „zwei Fahnen mit Spießen auf das neue Dach zu machen" wurden dem Augsburger Schlosser Hans Wagner bezahlt. Die Jahreszahl 1543 in der Tordurchfahrt des neuen Baus mit der Kirche und dem Rechbergbau verbindenden Traktes, bezeichnet einen gewissen Abschluß des neuen Baukonzepts, zu dem auch der östliche Kanzleitrakt mit dem Torturm gehörte. Der nunmehr auf drei Seiten geschlossene Komplex wurde im Osten und Süden durch einen breiten Graben geschützt, der jeweils an den Böschungen im Norden und Westen ausläuft, dem 1544–1546 einige benachbarte Häuser weichen mußten. Sehr bald wurden auch auf der Vorburg im Nordosten Wirtschaftsgebäude, Zehentstadel und die Brauerei erstellt.
Als Baumeister dieses umfangreichen Vorhabens ist in Urkunden zweimal Quirin Knoll aus Augsburg genannt, dem am Ort die Paliere Hans Fischgatter aus Augsburg und Gilg Praun aus Wessobrunn zur Seite standen. Als Zimmermeister ist 1543 Ulrich Beitz aus Augsburg genannt, sein Palier war Lienhardt Hainlein aus Augsburg.
Für den inneren Ausbau bezog man 1545 Marmorstücke aus Salzburg, die Steinmetzmeister Hans Breithart zu zwei Kaminen verarbeitete, deren einer nach Babenhausen, der andere aber nach Oberndorf kam. Zwei weitere Kamine aus weißem Marmor und eine Säule fertigte der gleiche Meister, wofür er insgesamt 28 fl. kassierte. Zahlungen an den Münchner Kistlermeister Hans Wisreutter deuten auf Anbringung von Vertäfelungen und Holzkassettendecken.
Im Dreißigjährigen Krieg kam das Schloß glimpflich davon, zwar besetzten es die Schweden 1633 ein halbes Jahr, sie beschränkten sich hier auf die Mitnahme wertvollen Mobiliars, anstatt den Bau, wie sonst üblich, anzuzünden.
Neue Bautätigkeit wurde im 18. Jahrhundert entfaltet, als man daran ging das Innere zu modernisieren. Zunächst betrafen die Umbauarbeiten

von 1737–1747 unter Graf Franz Carl Fugger vor allem das neue Schloß und den westlichen Querbau, Maurermeister Georg Beer führte die Arbeiten gemeinsam mit einheimischen Handwerkern aus. Es entstanden Säle und Salons in fröhlicher Rokokodekoration mit feinen Stukkierungen und Vertäfelungen. Darunter mit Stuck um 1710–1720 der Goldene Salon, dessen Wände mit in die Vertäfelung eingeschlossenen Gemälden von Schlachten- und Lagerszenen aus den Türkenkriegen verkleidet wur-

45 Der Gobelinsaal um 1740 im Schloß Babenhausen.

den. Weiter gehört in diese Periode der um 1740 ausgestattete Gobelinsaal im Obergeschoß des westlichen Quertraktes mit Vertäfelung der Wände, die Gobelins und Supraporten in großen und kleinen, mit vergoldetem Schnitzwerk eingefaßten Feldern einschloß. Westlich neben diesem Raum der Speisesaal mit einer Kassettendecke um 1700 und Wanddekoration um 1740.

Leitender Architekt war 1759 der Münchner Baumeister Johann Michael Fischer bei der Umgestaltung des Rechbergbaus für die verwitwete Gräfin Maria Josepha Antonia, die hier bis zu ihrem Tode 1771 wohnte.
1845 ließ Fürst Leopold Fugger die Fassaden unaufdringlich im Sinne der Neugotik durch Treppengiebel an Stelle der vorherigen Wellengiebel umgestalten. 1914 wurde das obere Flez im neuen Schloß durch den Architekten Ernst Haiger in einen Ahnensaal verwandelt. 1955 ließ Fürst Friedrich Carl im Schloß das Fuggermuseum einrichten, das neben anderen Kostbarkeiten des Kunsthandwerks eine bemerkenswerte Sammlung alter Gläser bewahrt. In den sechziger Jahren wurde der Rechbergbau zu Wohn- und Bürozwecken umgestaltet.
Zu den, neben den bereits genannten, wirkungsvollsten Räumen des Schlosses gehören die Eingangshallen im Rechbergbau und im neuen Schloß, hier die Halle mit einer das Gewölbe tragenden Säule mit ionisierendem Kapitell, an der seitlich das Treppenhaus liegt, dort ebenfalls

46 Im Verbindungsgang zur Pfarrkirche ist im Schloß Babenhausen die Bibliothek aufgestellt.

eine Halle mit Wölbung auf einer Mittelsäule, von der die Treppe in zwei parallelen Läufen zu einem Podest und weiter mit einem mittleren Lauf zum Ahnensaal aufsteigt. Im Ostteil des neuen Schlosses ist die Säulenhalle ein bemerkenswerter Raum, um 1541 entstanden mit drei Reihen von je drei Säulen auf profilierten Basen mit ionisierenden Kapitellen, die über korbbogigen Gurtbögen Kreuzkappen tragen. Auch die im Verbindungsgang zur Kirche aufgestellte umfangreiche Bibliothek darf hier nicht unerwähnt bleiben.
Zur Gesamterscheinung gehören auch die gepflegten Parkanlagen im inneren Schloßhof und jenseits des alten Grabens an der Südseite. In der Gesamtheit geben die einzelnen Bauten mit der in den verschiedenen Perioden geschaffenen Raumgestaltung, ihrer zu einer Einheit verwachsenen äußeren Erscheinung und der Einfügung in das Stadt- und Landschaftsbild ein hervorragendes Beispiel adligen Wohn- und Lebensstils.

15 Ruine Hohenfreyberg

Friedrich von Freyberg auf Eisenberg hatte drei Söhne, Peter, Heinrich und Friedrich. Der letztere beanspruchte sein Erbteil zu Lebzeiten des Vaters und erbaute mit diesen Mitteln in unmittelbarer Nähe seiner väterlichen Burg, in deren Besitz sich später die beiden Brüder als Ganerben teilten, eine neue Burg, Hohenfreyberg, nach der er sich Friedrich von Freyberg zu Hohenfreyberg nannte. 1423 erscheint er unter diesem Namen, zu dieser Zeit muß der Neubau demnach schon bestanden haben. An sich war die große Zeit des Burgenbaus bereits vorbei, ein Neubau im beginnenden 15. Jahrhundert mußte und konnte nur auf den Kampf mit Feuerwaffen eingestellt sein, gegen jeden Angriff aber auch in der Verteidigung. Das bedeutete, daß die Wohnbauteile gegenüber den Wehrbauten im Gesamtkonzept nur einen bescheidenen Anteil hatten.
Georg von Freyberg zu Hohenfreyberg, der Sohn des Erbauers, verkaufte die Burg um 1480 an Erzherzog Sigismund von Österreich-Tirol, der sie 1485 an den Augsburger Patrizier Georg Gossembrot verpfändete, den Freund, Geldgeber und Berater Kaiser Maximilians I., für den er in diplomatischen Diensten tätig war. Georg Gossembrot war mit der rei-

chen Radegundis Eggenberger aus Österreich vermählt, seinen Grabstein findet man in St. Mang in Füssen. Um 1500 fiel die Burg durch Erbschaft an Gossembrots Schwiegersohn Lutz von Freyberg von der Angelburger Linie, seine Mutter blieb zunächst Mitbesitzerin.
1510 kam Hohenfreyberg als österreichisches Lehen an Stephan von Hohenberg, am 23. XI. 1538 wurde diese Pfandschaft jedoch durch König Ferdinand zum 5. I. 1539 gekündigt, um dann an Herrn Philip Schad von Mittelbiberach um den Pfandschilling von 4200 fl., der später auf 5125 fl. erhöht wurde, vergeben zu werden. 1571 folgten in der Herrschaft Philipp Schads Witwe, Euphrosina geb. von Rechberg und ihre Söhne Hans Philipp und Bernhard. Beide starben ohne männliche Nachkommen, so daß nun Bernhards Töchter Euphrosine, verheiratet 1603 mit Hans Ludwig von Ulm, Reichsvizekanzler, und Dorothea, verheiratet im gleichen Jahr mit Hans Heinrich von Neuhausen, Reichshofrat, im Besitz nachfolgten. Die Nachkommen der Dorothea starben aus, Besitzer blieben seit 1629 die Herren von Ulm zu Mittelbiberach bis 1714.
In diesem Jahr erkaufte Freiherr Franz Josef von Freyberg-Eisenberg zu Raunau die Pfandschaft um 9700 fl. von Albert Freiherr von Ulm. Beide Herrschaften Eisenberg und Hohenfreyberg waren so wieder in Freybergschem Besitz. Dieser Kauf war aber an eine Bedingung gebunden, dahingehend, daß der Kauf ungültig sei, wenn Österreich als oberster Lehnsherr innerhalb von drei Jahren die Pfandschaft einlösen würde, daß aber, wenn die Einlösung später erfolgte, die Herrn von Ulm an die von Freyberg 3175 fl. zurückzuzahlen hätten und diese auch den Pfandschilling von 5125 fl. kassieren könnten. Der zweite Fall trat 1791 ein, die Herrn von Freyberg erhielten ihr Geld zurück und die reichsritterschaftlich steuerbare Herrschaft Hohenfreyberg kam an das österreichischen Kreisbezirk Burgau und wurde der österreichischen Regierung in Günzburg unterstellt. Im Pressburger Frieden, am 26. XII. 1805 kam die Herrschaft Hohenfreyberg an Bayern und wurde dem kgl. Landgericht Füssen eingeordnet. 1841/42 kaufte die Freybergsche Gesamtfamilie in pietätvoller Erinnerung die Ruine, die nun weiterhin Freybergscher Besitz ist.

Wie die Verwandten auf der Nachbarburg Eisenberg nahmen die Freyberger von Hohenfreyberg im Zeitalter der Fehden das Faustrecht für sich in Anspruch, Beschlagnahme von Kaufmannsgut zum Zwecke der Erpressung von Lösegeld hielt die reichsunmittelbare Ritterschaft durchaus für rechtens, um in der Konkurrenz mit den Städtern bestehen zu können. An einer derartigen Störung des Landfriedens war 1455 auch

Friedrich von Freyberg zu Hohenfreyberg beteiligt, als er den Wagenzug Frankfurter und Kölner Kaufleute, die unter dem Geleit der Herrn von Hohenegg reisten, zwischen Vils und Nesselwang abfing und auf seine Burg führte. Durch Vermittlung Herzog Albrechts von Österreich, gab er die beschlagnahmten Ballen gegen 3 000 fl. wieder heraus.

48 Bergfried der Ruine Hohenfreyberg, nach einem Litho von C. Lebschée und Domenico Quaglio um 1835.

Im Bauernkrieg konnte sich die Burg Hohenfreiberg auf Grund ihrer modernen Befestigungsanlagen gegenüber den aufständischen Bauern behaupten. Im Dreißigjährigen Krieg teilte die Burg dann allerdings das traurige Schicksal von Eisenberg in Form der Plünderung 1632 durch eigene Parteigänger und im Untergang durch Brandstiftung auf Befehl der österreichisch-tirolischen Heeresleitung im Jahre 1646, ein sinnloses Opfer, das die völlig verteidigungsfähige, intakte Burg zur Ruine machte, die hernach nie mehr aufgebaut wurde.
Die Vernichtung der Burg erscheint um so sinnloser, als noch wenige Jahre zuvor viel Geld für Reparaturarbeiten ausgegeben wurde. Bei Übernahme der Burg durch Hans Philipp Schad 1539 gewährte König Ferdinand einen jährlichen Unterhaltszuschuß von 100 fl. aus dem Tirolischen Kammergut. Als aber unmittelbar Baukosten in Höhe von 240 fl. anfielen, lehnte die österreichische Regierung die Übernahme ab und wies den neuen Schloßherrn an, das Geld bei seinen Bauern einzutreiben. Schad berichtete darauf an die Regierung von Innsbruck, daß hier nichts zu holen sei, worauf ihm im Antwortschreiben bedeutet wurde, er möge die Unkosten selbst tragen, es wurde lediglich gestattet, den Rechnungsbetrag dem Pfandschilling zuzuschlagen, der sich dadurch auf 5125 fl. erhöhte.
1542 fielen neuerlich Reparaturarbeiten an, zu denen die Bauern der zur Herrschaft gehörenden Dörfer Hand- und Spanndienst leisten mußten, zum Lohn erhielten sie unentgeltliche Verköstigung. Aus Rechnungen sind eine Reihe von Handwerkernamen bekannt, so Maurermeister Martin Weiß, Zimmermeister Hans Werz, Maurer Michael Kempf, der Schmied von Nesselwang und Eisenberg und Schlossermeister Feger von Füssen. Der Turm erhielt in dieser Bauperiode ein neues Dach und einen Boden. Die Knechts- und Weinstuben erhielten je einen Ofen, es wurden neue Dachrinnen, Fensterstöcke und Fensterläden angebracht und der Brunnen wurde repariert. Auch in den Jahren 1606–1608 gab es Ausbesserungsarbeiten, dafür zahlte die österreichische Rentkammer für Materialien, Lohn und Kost den Handwerkern und frohnenden Bauern 2774 fl. 56 kr. Nach dieser Generalüberholung war am Schloß kein Fehler mehr, der Besitzer ermahnte endlich 1609 den Amtmann, er möge „fleißig im Schlosse wohnen und acht geben, daß alles wohl bewahrt und so weiterer Schaden vermieden werde".
Da es von der Burg vor ihrer Zerstörung nur völlig unzureichende Darstellungen gibt, kann nur aus dem Grundriß der Ruine auf die vormalige Beschaffenheit geschlossen werden. Demnach nahm der Bau die in Ost-

West-Richtung liegende Fläche eines Parallelogramms ein, dessen Südseite einmal nach außen geknickt war. Am Zugang von Westen stand ein starker Torbau zwischen zwei kräftigen Rundtürmen, die durch große Schartenöffnungen als Batterietürme ausgewiesen sind. Durch das leicht nach Norden aus der Mittelachse verschobene Tor gelangte man zunächst in den Vorhof, der gegenüber von einem quergestellten Bau abgeschlossen war, durch den ein weiterer, gewölbter Torweg in den inneren Burghof führte. Ein Rundturm im Winkel des westlichen und südlichen Flügelbaus mag die Treppe enthalten haben. Den inneren Hof, an dem auch die Wohngebäude lagen, umschloß ein Zwinger. Gegen den Sattel zwi-

40 Vorhof der Ruine Hohenfreyberg mit Blick auf die Kernburg, erbaut 1420.

schen den beiden Burgen stand als ein mächtiger Rundturm der Bergfried, der auch jetzt noch, in beträchtlicher Höhe erhalten, die Silhouette der Ruine beherrscht. Das Vorhandensein dieses für die deutsche Burg so charakteristischen Bauwerks beweist, daß die Bauherrn noch der mittelalterlichen Bautradition verhaftet waren.
Am Ende blieb, wie berichtet, von aller Pracht und Stärke nur eine Ruine, deren romantisches Bild, das heute viele Wanderer beeindruckt, doch kaum über den sinnlosen Verlust eines vormals stattlichen Wehrbaus hinwegtrösten kann.

16 Schloß Leipheim

Den Anlaß zum Bau einer Burg bei der wohl schon im 5. oder 6. Jahrhundert entstandenen Siedlung Leipheim war die Überwachung des Donauüberganges, der seit dem 10. Jahrhundert für die kaiserliche, später staufische Politik von wachsendem Interesse war. Zunächst saß hier ein gleichnamiges Rittergeschlecht, die Herren von Leipheim. Seit der Mitte des 13. Jahrhunderts bis zum 15. folgten als Burgherren ein Zweig der Güsse, deren Stammburg Güssenburg, die 1449 vom Schwäbischen Städtebund zerstört wurde, bei Hermaringen im ehemaligen württembergischen Oberamt Heidenheim lag. Die Güsse standen in einem gewissen Abhängigkeitsverhältnis zur Markgrafschaft Burgau, dann zu den Habsburgern.

Rüxner nennt in seinem Turnierbuch in der neuen Auflage von 1578 als ersten Friedrich Güss von Güssenberg, der beim 8. Turnier zu Augsburg 1080 teilgenommen haben soll, ein schon wegen des frühen Datums wohl sagenhafter Bericht. Urkundlich ist Diepold Güss als Zeuge in Giengen in einer Urkunde vom 1. Mai 1171 der erste bezeugte Angehörige dieses Geschlechts, dessen Glieder bis zum 16. Jahrhundert aus mehreren Zweigen stammend, häufig als Zeugen fungierten.

Diepold und Gerwig als Söhne des Heinrich Güss sind 1272 erstmals als Leipheimer Güsse genannt, beide standen im Dienst Herzog Leopolds von Österreich.

Nachdem Ludwig der Baier nach der Doppelwahl aus dem Streit mit Friedrich dem Schönen, dem Habsburger, als Sieger hervorgegangen war, wandten sich Diepold und Gerwig die Güsse zu Leipheim dem ersteren zu. Als Lohn trug ihnen das neue Bündnis 1326 die Judensteuer, 1327 die Verleihung eines Wochenmarktes in Leipheim, die Hohe Gerichtsbarkeit und 1330 die Erhebung Leipheims zur Stadt, damit verbunden die Erlaubnis zur Ummauerung, ein. Dieser Vorstoß des Wittelsbachers nach Schwaben war jedoch nicht von langer Dauer, bereits 1343 stellten sich die Güsse wieder unter den Schutz des Markgrafen von Burgau und räumten Herzog Albrecht von Österreich und seinem Neffen Leopold das Öffnungsrecht für ihre Burg und Stadt ein. Auch spätere Generationen der Güsse von Leipheim kämpften und starben treu für Österreich, so Brun und Hamman Güss, die am 9. Juli 1386 in der Schlacht bei Sempach fielen.

Die Bayern verzichteten nicht so bald auf die Erwerbung und nahmen Leipheim 1371 ein, jedoch befreiten die Württemberger unter Graf Ulrich und Herzog Konrad zu Teck die Stadt. 1373 verkaufte Gerwig der Güss von Leipheim am 4. März seinen Teil an Burg und Stadt an Graf Eberhard von Württemberg um 2500 Pfund Heller und 2000 fl. 1374 verkauften die Brüder Brun, Diepold und Erhard die Güsse von Leipheim auch ihr Halbteil an Graf Eberhard, endlich gab auch Hanemann Güss seinen vierten Teil dazu, so daß Graf Eberhard Stadt und Burg Leipheim nun zur Gänze besaß, um sie alsbald mehrfach zu verpfänden, unter anderem an die Stadt Ulm, die Herren von Rechberg, von 1433–1446 nochmals an die Güsse, 1433 und 1448 an die Grafen von Helfenstein. Handel und Handwerk, insbesondere die Weberei, blühten in der Stadt

51 Schloß Leipheim, Federzeichnung von Herbert Ulm 1883.

auf, 1449 im zweiten Städtekrieg von den Städtern erobert, wurde Leipheim 1453 durch Graf Ulrich von Württemberg samt dem Donauzoll um 23 200 fl. an die Reichsstadt Ulm verkauft.
Seither saßen Ulmische Vögte auf der Burg, die beim Aufruhr des „Leipheimer Haufens" 1525 Schaden litt und 1552 im Markgrafenkrieg ausbrannte. Beim Wiederaufbau 1556–1559 erhielt das Burgschloß wohl seine endgültige Gestalt und diente dann bis 1802 Ulmer Patriziern als Obervögten und Stadtherren zur Behausung.
1774 schrieb die Stadt Ulm das Schloß zum Verkauf aus, bis 1802 verwaltete Obervogt Max Theodor Seutter von Lötzen den Bau, der dann an Bayern kam und bis 1822 unbewohnt blieb. Nach längeren Verhandlungen kaufte Mlle. Dreher von Zopfenhahn 1826 das Schloß, ihr folgte als Besitzer 1837 Marquard Frhr. von Stein, dann 1840 der Hirschwirt Johann Martin Keller und durch Heirat mit dessen Tochter der Arzt

Dr. Rau. Von 1882–1890 war das Schloß unbewohnt, 1896 wurde es von Frhr. Alexander Sybold ersteigert. 1900 zog der Hofjägermeister des Großherzogs von Baden, Freund und Leibjäger Kaiser Wilhelms II., Baron Schilling von Cannstatt ein, der in der Erdgeschoßhalle Jagdtrophäen aus Hofjagden in allen Gebieten des Deutschen Reiches anbrachte und um das Schloß den Park anlegte. 1902 wurde im Schloß elektrisches Licht installiert, aus dieser Zeit stammt der mächtige Lüster im altdeutschen Stil im Wohnzimmer, einer der ersten für diese neue Beleuchtungsart.

Auf Baron Schilling folgte als Besitzer von Schloß Leipheim 1922 Dr. Höhn, weiter Herr Panke, Wally Gräf und endlich seit dem 1. April 1959 Ludwig Ernst Reiff, der hier seine sehenswerte Sammlung von Waffen, Jagdutensilien, Möbeln und Kunsthandwerk einbrachte. Mit seiner Tochter, die den Besitz verwaltet, hat er zur Erhaltung des Baudenkmals unermüdlich gearbeitet und aus eigenem Interesse und eigener Initiative dem Schloß durch eine vortrefflich gelungene Restaurierung wieder ein repräsentables Äußeres gegeben.

Die Donau fließt heute in ihrem regulierten Bett in beträchtlichem Abstand an der Stadt vorbei, die in ihrem älteren Teil die Umrißlinie nicht verändert hat. Hoch ragt auch heute noch auf dem Geländesporn, den vormals die Wellen der Donau bespülten, an der Nordwestecke der Siedlung das Schloß auf. Der stattliche dreigeschossige Giebelbau mit einem runden Eckturm und dem später an der Breitseite angefügten Treppenhaus, steht auf schmalem, von einer Ringmauer mit runden Ecktürmen umschlossenem Plateau, das nach Westen noch Platz für ein Gärtlein mit einem hübschen Ziehbrunnen bietet. Am Fuße des Geländesporns breitet sich der mit großen Bäumen bestandene Park aus.

Der Zugang liegt an der Ostseite, wo am geräumigen, durch eine Mauer vom Burggraben getrennten Wirtschaftshof die mächtige Zehentscheune und niedrigere Wohnhäuser stehen. Den Graben, über den zunächst eine Holzbrücke wahrscheinlich mit einem Aufzugteil, dann ein Damm führte, überspannt nun ein Brückenbogen. Durch das Tor in der Ringmauer erreicht der Besucher endlich das Portal. Seitlich in der Mauer vortretende Klauensteine deuten auf den vormaligen Verschluß durch ein Fallgatter.

Man betritt eine weite, hohe Halle, deren Balkendecke auf einem von zwei gedrehten Holzsäulen getragenen, mächtigen Unterzug ruht. Hier zieren Hirschgeweihe die Wände, allerlei Spieße und Hellebarden stehen in Bündeln, Schwerter, Degen, Hirschfänger, Biedenhander und andere Blankwaffen liegen auf Truhen und Kästen, sie bilden um eine im Mittelpunkt aufgestellte Turnierrüstung ein kriegerisches Ensemble. Über

52 Erdgeschoßhalle im Schloß Leipheim, Museumsraum mit Jagdtrophäen und Waffen.

zwei niedrigen, gewölbten Räumen an der Nordseite — der ehemaligen Küche — ist eine Empore mit einer Balustrade geschaffen, auf der vormals Musikanten beim Mahle und zum Tanz aufspielten.
Hier sind Handfeuerwaffen ausgestellt, unter anderem Duellpistolen König Friedrichs von Württemberg um 1812, Steinschloßpistolen mit in Elfenbein intarsierten Griffen, Jagdgewehre, Doppelflinten mit Damastläufen um 1870, daneben auch Jägerpfeifen mit allerlei merkwürdigen, teils bemalten Ton- und Porzellanköpfen. Ein kleines Ölbild, Hirschbrunft von Otto Scheurer 1914, verdient Beachtung.

An den Wänden des Treppenhauses, das in drei geraden Läufen mit Podesten zum 1. Obergeschoß führt, hängen arabische, indische, afghanische Gewehre mit Einlegearbeiten aus Elfenbein und Perlmutter an den Kolben, dazu afrikanische Speere, Bogen und Pfeile. Im Obergeschoß liegt an der Stadtseite ein saalartiger Raum in der ganzen Hausbreite, der jetzt in zwei Stuben unterteilt ist. Hier hat sich die Wohnkultur der Jahrhundertwende erhalten, der vorerwähnte elektrische Lüster mit Glaskelchen in Messingfassungen bestimmt den Charakter des Raumbildes. Ein Stübchen in der Nordwestecke entzückt durch eine komplette Ausstattung im Louis XVI-Stil.
Sowohl die Räumlichkeiten als solche, wie vor allem das ausgestellte Kunstgut machen den Besuch des Schlosses zu einem lohnenden Unternehmen. So bietet Schloß Leipheim ein überzeugendes Beispiel für die sinnvolle Nutzung eines Baudenkmals, die allerdings viel Liebe zur Sache, Opfersinn und fundierte Kenntnisse der Materie von Seiten des Schloßherrn und der Schloßherrin zur Voraussetzung hat.

17 Schloß Syrgenstein

Do man zalt nach der Gepvrt Cristy in MCCCCLXXXXI (1491) Iar an dem hailigen Vitvs Abent ... habent Veyt Sirg von Svrgenstain vnd Vrsvla gep(orne) von Humpissin von (Waltrams) sin (eheliches) Gemachel den ersten Stain an disem Schloss gelegt.

Diese Inschrift, als eine unmißverständliche Aussage, bestätigt eindeutig, daß es sich bei dem 1491 begonnenen Schloßbau zu Syrgenstein um einen Neubau handelte. Man fand diese Dokumentation zwar beschädigt, aber

doch lesbar in einer Nische an der Ostwand der Schloßhalle unter einem lädierten, von der später eingebauten Treppe teilweise verdeckten Fresko.
Für einen angeblich zuvor vernichteten Vorgängerbau lassen sich, neueren Forschungen zufolge, keinerlei Belege beibringen. Dahingehende Vermutungen mögen sich auf die bereits seit längerer Zeit leer stehende Burg Thannenfels bezogen haben, in deren Umgebung Veit Sürg, der zu dieser Zeit bei seinem Schwiegervater in Ravensburg wohnte, Ländereien und Güter aufkaufte. Die Notwendigkeit, für diese allmählich zu einer kleinen Herrschaft anwachsenden Erwerbung ein Zentrum zu schaffen, war das Motiv zum Bau des Schlosses Syrgenstein.
Veit Sürg von Sürgenstein entstammte einer Allgäuer Patrizierfamilie, die noch vor 1300 gänzlich unbedeutend und erst allmählich durch Handel zu gewissem Wohlstand und Güterbesitz gekommen war. Seit der zweiten Hälfte des 14. Jahrhunderts erscheinen die Sürgen als Lehensträger von St. Gallen in den Lehenbüchern verzeichnet. Sein Urgroßvater, Sürgenstein I. Sürg wird 1333–1374 genannt, Sürgenstein war zunächst ein Vorname, der wohl aus der Zusammenziehung zweier Kurzformen der Namen Sergius = Sürg und Augustinus = Stein abgeleitet war. Es folgte in der Ahnenreihe Heinrich I. Sürg, von 1366–1391 genannt, der in erster Ehe mit einer geb. von Schomberg, in zweiter mit Margaretha Schneid gen. Schindelin verheiratet war. Deren Sohn Wölflin Sürg lebte um 1400, ihm folgte Veit Sürgs Vater Lutz Sürg, der Elisabeth Gundelin ehelichte.
Veit Sürg, um 1440 geboren, erwarb sich als junger Mann Verdienste am Wiener Hof, als er bei der Belagerung der Burg im Herbst 1462 durch die von Albrecht VI. verhetzte Wiener Bürgerschaft unter ihrem Bürgermeister Wolfgang Holzer, treu zu dem hier mit seiner Familie eineinhalb Monate eingeschlossenen Kaiser Friedrich III. stand, bis der herbeieilende Böhmenkönig Georg Podiebrad die Einschließung aufhob und den Frieden wiederherstellte. Veit Sürg avancierte zum kaiserlichen Küchenmeister, d. h. ihm unterstand die Versorgung des kaiserlichen Hofes.
Im eifrigen Streben, wie sein Schwiegervater Jos III. Humpiss, dem der Aufstieg vom Patrizierstand in den Adelsstand geglückt war, zu höheren Ehren zu gelangen, hatte Veit Sürg durch seine Verbindung zum Kaiserhof Erfolg. *„. . . Mit getreuem Beistand und Wehr hat er sich redlich gehalten und bewiesen . . . deshalb* (erhalten) *er und seine Brüder Wolf und Lutz zur Ergötzlichkeit und ewigem Gedächtnis seiner Verdienste das verbesserte Wappen und den Adelstitel von Sürgenstein"*. So lautete die kaiserliche Ernennungsurkunde für Veit Sürg, das Wappen zeigt auf einem Schräglinksbalken einen gelben Adler mit gespreiztem Gefieder

54 Drei gerade Treppenläufe mit Balustergeländer verbinden jeweils die Geschosse im Schloß Syrgenstein.

und goldener Krone. Veit Sürg von Sürgenstein wird zu den Mitgliedern der großen Ravensburger Handelsgesellschaft gezählt.
Solchermaßen zu Ansehen und Wohlstand gelangt, heiratete er 1476 Montag nach St. Thomastag die reiche Erbin Ursula Humpiss, Tochter des Jos III. Humpiss, Bürger zu Ravensburg, die eine Aussteuer von 4 000 fl. einbrachte. Systematisch begann Veit, wie oben gesagt, sich durch Land- und Waldkäufe eine kleine Herrschaft aufzubauen. Am Mariä Himmelfahrtstag 1483 wurde er in die Rittervereinigung des St. Jörgenschildes aufgenommen. 1491 legten die Eheleute den Grundstein zum neuen Schloß Syrgenstein. 1492 kaufte Veit Sürg auch das Dorf Mariathann mit Niedergerichtsbarkeit. Hier fand er 1511 in der Pfarrkirche mit seiner zweiten Frau die letzte Ruhe, der mit beider Wappen gezierte Tumbadeckel ist daselbst erhalten.
Nachdem die erste Ehe kinderlos geblieben war, heiratete Veit Sürg am Montag nach St. Matthias Apostel im Jahre 1498 Barbara von Königsegg, ihr Heiratsgut betrug 1 500 fl. Sie schenkte ihm drei Kinder, Hans Ulrich, Margaretha, die 1519 Hans Werner von Raitnau, Vogt von Hohenthann heiratete, und Agnes, die bereits 1519 starb. In seinem Testament bestimmte Veit Sürg, daß nach seinem Tode sein Neffe Eberhard von Weiler Erzieher seiner unmündigen Kinder auf Schloß Syrgenstein sein sollte.
Hans Ulrich Sürg von Sürgenstein, der beim Tode seines Vaters neun Jahre alt war, heiratete volljährig geworden die Tochter des Jos von Altlaubenberg und nahm in zweiter Ehe Rachel von Schellenberg zur Frau. 1550 kaufte er von seinem Neffen Hans Dionys von Königsegg um 7 000 fl. die Herrschaft Achberg, mit der er am 29. X. 1530 von König Ferdinand belehnt wurde. Im Bauernkrieg stellte 1526 Hans Ulrich Sürg ebenso wie Jörg von Laubenberg und andere Allgäuer Edelleute dem Schwäbischen Bund fünf Pferde, d. h. Reisige, die als Streiftrupp nach Bauern und Prädikanten, die nicht zur Huldigung zugelassen waren oder diese verweigerten, zu fahnden und diese im Ergreifungsfall an die Obrigkeit abzuliefern hatten. 1535 trat er als guter Katholik dem oberschwäbischen Adelsbund zur Verteidigung des alten Glaubens bei. In Schloß Syrgenstein, das er bewohnte, verbesserte er die Einrichtung nach dem Zeitgeschmack. Die Jahreszahl 1539 in der Bibliothek bezeichnete wohl den Endpunkt dieses Vorhabens. Hans Ulrich Sürg von Sürgenstein starb am 18. I. 1551, seine Frau am 8. X. 1568. Sie wurden wie Hans Ulrichs Eltern in der Pfarrkirche Mariathann beigesetzt. Ihre Kinder waren Hans, Veit, Salome, Klara, Barbara und Johanna.
Wohl um 1740 erfolgte ein weitgehender Umbau der Flügelbauten, die

den Hof einfassen und an starken Rundtürmen enden. Die Jahreszahl 1737 im Türbogen des Pferdestalls in der SW-Ecke deutet darauf. Gleichzeitig wurde vermutlich auch die Balkendecke über dem Keller durch Ziegelgewölbe auf vier Freipfeilern ersetzt und die Tonnengewölbe über den drei nördlichen Räumen im Untergeschoß geschaffen. Ihre endgültige Gestalt erhielten die Hofflügel wohl erst im 19. Jahrhundert.

Hans Sürg von Sürgenstein pflanzte den Stamm fort, er heiratete Anna von Westerstetten, die letzte ihres Geschlechts. Nach einer Güterteilung unter seinen Nachfolgern blieb sein Sohn Hans Ulrich Herr auf Syrgenstein. 1745 starb die Sürgensteiner Linie aus. Erbe wurde Johann Gotthard aus der Altenberger Linie, sein Enkel Johann Marquart, ein schöngeistiger Schwärmer, verschleuderte den Wohlstand des Hauses. Endlich verlor die Familie ihren Stammsitz, als Johann Marquarts Tochter Carolina von Weinbach geb. Freiin von Syrgenstein (wie sich die Familie in neuerer Zeit schrieb) 1820 das Schloß Syrgenstein verkaufte.

Das Archiv des Schlosses kam in die Hände der Tochter, Freifrau von Stengel geb. von Weinbach, die am 2. I. 1896 starb. Ihr Enkel Ludwig Frhr. zu Rhein registrierte 1921/22 alle Sürgensteiner Urkunden, seit 1948/49 sind die Originalurkunden wieder auf Schloß Syrgenstein. Mit Frhr. Ludwig German Syrg von Syrgenstein starb das Geschlecht 1892 aus.

Zu den bedeutenden Personen, die das Geschlecht der Sürgen hervorbrachte, gehören Hans Christoph † 1663, Dompropst zu Würzburg, Maria Charlotte † 1767, Äbtissin in Urspring bei Blaubeuren, Franz Johann Anton, Weihbischof von Konstanz, † 1739, und Engelbert von Sirgenstein, Fürstabt von Kempten von 1741–1760. Schloß Syrgenstein kam nach mehrfachem Besitzwechsel 1913 an Graf Waldburg-Zeil-Hohenems, im Besitz von dessen Familie es sich noch heute befindet.

Das fünfeckige Hauptgebäude hat im Grundriß die Gestalt eines Strompfeilers, dessen Spitze sich gegen das Tal nach Norden richtet. Gräben und Wälle, die nur noch in Resten erhalten sind, schützten die anderen Seiten und legten sich im Bogen um den von niedrigen Flügelbauten eingesäumten Hof. Ein hohes Satteldach mit Staffelgiebeln überdeckt den Hauptbau, der Frontwinkel ist zwischen zwei runde Ecktürme eingespannt. An der Hofseite vermitteln Laubengänge den Zugang zu den Geschossen. Ebenerdig gelangt man vom Hof in den gewölbten Keller, vier Freipfeiler tragen die Tonnen und Kappen. Im nordöstlichen Eckraum des Erdgeschosses befindet sich die Kapelle, der Chor im anschließenden Rundturm ist mit einem Sternrippengewölbe überspannt.

55 Die Vertäfelung in der Bibliothek im Schloß Syrgenstein von 1539 ist ein seltenes Meisterwerk deutscher Raumkunst in der Renaissance.

Die dem hl. Veit, dem Namenspatron des Erbauers, geweihte Kapelle, birgt einen Zweiflügelaltar; unter den Gemälden eine Tafel mit der Darstellung Christi mit sechs Aposteln, um 1500, und mehreren Holzfiguren, darunter eine kleine Muttergottes, schwäbische Arbeit um 1350, bilden die Ausstattung. Der zuvor erwähnte Umbau um 1740 hat sich offenbar auch im Inneren ausgewirkt. Mit der gleichen Jahreszahl ist die aufwendige Treppe bezeichnet, die von der unteren Halle zum weiträumigen

Flez des Obergeschosses führt und sich zum zweiten Obergeschoß fortsetzt. Unter den zahlreichen, zu verschiedenen Zeiten eingerichteten, bemerkenswerten Räumen des Schlosses ist die Bibliothek im zweiten Obergeschoß kunsthistorisch von besonderer Bedeutung.

Der total an Wänden und Decke holzvertäfelte Raum, 1539 datiert, ist in seiner Einheitlichkeit und dem hervorragenden Erhaltungszustand ein seltenes Beispiel der Raumgestaltung in der deutschen Frührenaissance. Das System der Wandgliederung besteht in zwei, durch ein geschnitztes Gesims getrennte Horizontalzonen, die durch Pilaster unterteilt sind. In diesem gleichförmigen Raster sind teils wiederkehrende ornamentale Felderdekorationen, teils Türen und Wappenfelder angeordnet, Spitzenleistungen der Schnitzkunst sind die Architekturstücke veranschaulichenden Füllungen der Türen in Flachrelief. Tondi in der Gebälkzone zeigen Portraits der Gründerpaare und anderer Personen.

Das im wesentlichen unverändert gebliebene Schloß Syrgenstein, ein Burgschloß noch mit Elementen der Wehrhaftigkeit, aber doch als Wohnstatt einer Adelsfamilie geschaffen, die hier repräsentieren wollte und wirtschaftlich in der Lage war, nicht nur nach Begriffen ihrer Zeit bequem, sondern luxuriös zu wohnen, ist als nicht sehr häufiger Typ einer Übergangszeit von besonderer Bedeutung. Hier interessiert das architektonische Konzept, das im Äußeren Macht und Abwehrbereitschaft zeigt und im Inneren eine großzügige Lösung bietet, die dem engen Gewinkel gotischer Raumfolge ohne entsprechenden Verkehrsraum sehr vorteilhaft entgegensteht. Kommt hinzu, was seine Bewohner im Laufe von Jahrhunderten jeweils vom Besten an Inventar nach dem Geschmack ihrer Zeit hinzufügten, um damit ein kunst- und kulturgeschichtliches Ensemble von hoher Qualität zu schaffen.

18 Schloß Jettingen

Als durchaus einheitlicher Renaissancebau präsentiert sich das Schloß Jettingen heute dem Betrachter, mit seinen regelmäßigen Fassaden und den vier gleichen Rundtürmen an den Ecken erscheint es als ein Werk aus einem Guß. Jedoch alte Abbildungen, der Grundrißplan und der aus Urkunden abzuleitende Gang der Entwicklung deuten an, daß dieser so klar erscheinende Baukörper etlichen Wandlungen unterworfen war. Ebenso änderte sich im Lauf der Jahrhunderte die Schreibweise des Ortsnamens, aus Üttingen, Yttingen im 13. und 14. Jahrhundert wurde seit dem 16. Jahrhundert endlich Jettingen.

Die Siedlung, im 12. Jahrhundert im welfischen Machtbereich gelegen, kam wohl als Schenkung an das Hochstift Augsburg, dessen hier die Obrigkeit repräsentierende Ministerialen sich nach dem Platz benannten. 1207 ist Witegowus de Ütingen in einer Urkunde des Klosters Wetten-

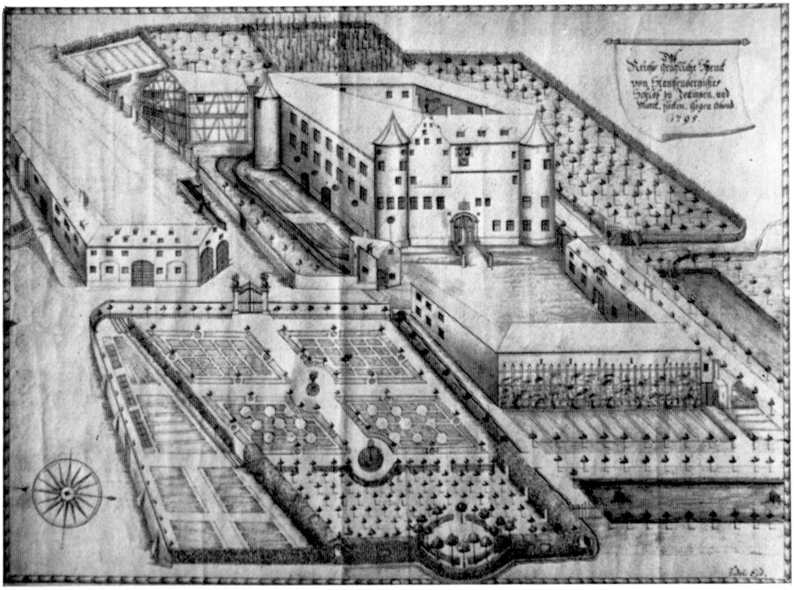

57 Vogelschaubild von Schloß Jettingen von 1795. Sepiazeichnung bez.: Fidele Edg.

hausen genannt, Träger dieses Namens, wie ein Hainricus de Ütingen 1280 erwähnt, hatten, wie die Bezeichnung als „Civitat. Aug." anzeigt, ihren Wohnsitz in Augsburg.

Als dann im 14. Jahrhundert das Gebiet der Markgrafschaft Burgau unter habsburgische Hoheit kam, konnte Hiltpold von Knöringen am 30. XI. 1351 den Kirchenschatz zu Jettingen gegen 30 Mark Silber von Herzog Albrecht II. von Österreich als Pfand erhalten. Seither saßen die Herren von Knöringen zu Jettingen in der kleinen Wasserburg, die bei erneuter Verpfändung an Hans von Knöringen am 25. VI. 1436 erstmals genannt ist. Ihren Bestand bereits im 14. Jahrhundert beweist die Namenserweiterung Knöringen von Yttingen bei mehreren Vertretern des Geschlechtes, so 1359, 1365, 1373 Christian von Jettingen, Schreiber Bischof Marquarts und Chorherr bei St. Moritz in Augsburg, 1373 Chontz von Knöringen von Yttingen, ferner Chunrat, der 1374 die Burg Tuttenstein kaufte, 1386 Hilpolt. Conrad, er erhielt am 14. VI. 1434 den Markt zu Ütingen, wie auch Freyhalden.

Die Brüder Hilpolt und Burkhart von Knöringen standen zeitweilig als Kriegsleute in Diensten der Stadt Augsburg und des Markgrafen Albrecht Achilles von Brandenburg gegen Herzog Ludwig von Bayern. Reisige der herzoglichen Städte Lauingen, Gundelfingen und Höchstädt übten dafür Rache, verbrannten den Markt Jettingen, zerstörten die Burg, nur der befestigte Friedhof widerstand diesem Überfall, so geschehen in den fünfziger Jahren des 15. Jahrhunderts.

1469 verkaufte Hilpolt von Knöringen den Markt Jettingen um 7200 rhein. Gulden an Ritter und Hofmeister Hans vom Stain von Ronsberg und dessen Hausfrau Ursula geborene Güß von Güssenberg. Wahrscheinlich errichtete der neue Besitzer um 1470–1480 an Stelle der verbrannten Burg ein zunächst bescheidenes Wasserschloß. Mag sein, daß es nur ein einflügeliger Bau mit einem oder zwei Ecktürmen war, eben jener breite Flügel des jetzigen Schlosses, der nun der nördliche des Geviertes ist.

Die Enkel des Hans vom Stain nahmen eine Gütertrennung vor. Melchior erhielt die Reisensburg, Philipp, seit 1490 verheiratet mit Ursula Fugger, Tochter des Ulrich Fugger, behielt Jettingen. Er starb am 4. XI. 1509, auf seinem Grabstein im alten Chor der Pfarrkirche, ist er in modischem Kostüm als stolzer, begüterter Edelmann in meisterhafter Steinmetzarbeit der Nachwelt vorgestellt.

Sein Sohn Adam erwarb 1504 den Burgstall Eberstall, 1505 Wolfsberg und 1506 das Dorf Grünenbaind, Güter, die wegen wachsender Schuldenlast gegen Ende des Jahrhunderts wieder verkauft werden mußten. Wolfsberg und Grünenbaind an das Domkapitel Augsburg, Mattsies 1598 an die Fugger. 1602 wurde das noch bestehende Schloß Eberstall erbaut, 1625 kaufte Heinrich vom Stain zu Jettingen von den Tänzl zu Tratzberg das Schloß Unterwaldbach. Mit vollem Titel erscheint er 1628 am 20. I. in einer Urkunde als Frhr. zu Jettingen, Eberstall und Unterwaldbach, der Reichsritterschaft Donauviertels zu Schwaben Rat und Ausschuß, der Reichsstadt Augsburg Landvogt.

Um 1600 wurde wohl das Schloß durch Anfügung von drei Flügeln um einen engen Lichthof zu der Vierflügelanlage mit nunmehr vier runden Ecktürmen erweitert, die auf einem Kupferstich von 1768 überliefert ist. In dieser Gestalt kam das Schloß durch Verkauf von den Freiherrn vom Stain 1746 an die Familie Schenk von Stauffenberg. 1792 wurde Baron Anton Schenk von Stauffenberg zu Jettingen von König Leopold in den Grafenstand erhoben, seine Gemahlin war Antonia geb. von Kagenegg.

Dem Geschmack der Zeit entsprechend wurde dann gegen Ende des 18.

Jahrhunderts dem Schloß im Äußeren eine symmetrische Ordnung gegeben. Bis dahin war es, wie der vorerwähnte Stich zeigt, mit Giebeln auf dem Altbau noch ein ungeordnetes Konglomerat aus verschiedenen Bauteilen. Nun erhielten die drei Geschosse einheitliche Traufhöhe, eine gleichmäßige Fensterteilung, das Portal über einer Freitreppe fand seinen Platz in der Mitte der Westfront gegen den Park und ein auf allen Seiten abgewalmtes Dach machte den Giebel an der Westseite entbehrlich. Die vier Ecktürme, Manifestation der Herrschaft, vollendeten die stattliche Erscheinung. Die Grafen Schenk von Staufenberg bewohnen das Schloß noch heutigentags.

58 Grabstein des Philipp vom Stain † 4. 11. 1560. Wohl ein Werk des Sebastian Loscher, in der Pfarrkirche Jettingen.

Ein verheerender Brand 1928, wohl durch Schweißarbeiten verursacht, bedingte die letzte Veränderung des Baubestandes. Mit dem vernichteten Dachstuhl wurde auch das dritte Obergeschoß aufgegeben, das Dach auf das zweite Obergeschoß gesetzt. In alter Höhe blieben die vier Ecktürme erhalten, die nun den Baublock jeweils um ein Geschoß überragen. Verschwunden ist auch der Wassergraben, dessen Schutz sich erübrigte, er wurde 1841 eingefüllt. Für die Brauerei, die ursprünglich im Nordflügel untergebracht war, wurden im 19. Jahrhundert an einem seitlichen Hof neue Gebäude errichtet.

Da der Brand den gesamten Innenraum erfaßt hatte, ging auch die alte Ausstattung zugrunde, lediglich einige gewölbte Räume im Erdgeschoß, einer davon jetzt als Speisezimmer verwendet, zeugen noch vom alten Raumgefüge. Erhalten blieb auch trotz Einsturzes der Decke beim Brand in der Schloßkapelle der Flügelaltar von 1599 mit dem Bild des Stifters Johan Adam vom Stain jun. zu Eberstall und seiner Gemahlin Leonora geb. Truchsessin von Höfingen. Das Altarbild zeigt die Geburt Christi und die Epiphanie.

19 Schloß Wellenburg

Fährt man von Augsburg-Göggingen auf schnurgerader Straße genau nach Westen, so sieht man von Ferne, am Rande des „Rauhen Forstes", der hier das Wertachtal begleitet, Türme und Giebel von Schloß Wellenburg. Bei weiterer Annäherung jedoch verschwinden diese ganz hinter hohen Bäumen, und erst wenn man vom Dorf aus über eine kurvige Anfahrt zum Schloß gelangt und durch den Torbogen den Hof betritt, bekommt man eine rechte Vorstellung von der Gestalt der Anlage. Sie besteht aus einem dreigeschossigen Rechteckbau mit oktogonalem, schlankem Turm an der Hoffront und einem an diesen Bau seitlich angefügten schmalen Flügel, der zunächst dreigeschossig mit einem Satteldach, dann im vorderen Teil zweigeschossig mit einer Terrasse gestaltet ist und von zwei Ecktürmen an der Schmalseite abgeschlossen wird.

Bevor jedoch der Bau sein heutiges Aussehen erhielt, gab es in einer langen Entwicklung in häufiger Verwandlung eine Kette von Erscheinungsformen, deren erstes Glied mit dem letzten kaum noch etwas gemein hat. Einen ersten festen Sitz hinter einem Halsgraben auf der Spitze eines Ausläufers, der vom genannten Höhenzug in das Tal vorstößt, gab es wohl bereits am Ende des 12. Jahrhunderts, zu welcher Zeit der Name Wellenburg erstmals genannt ist. Hier saßen als Inhaber erbliche bischöfliche Kämmerer einer Familie, die aus dem Landgericht Füssen stammte, aus der zwei Brüder, Heinrich und Arnold, sich 1234 erstmals nach der Burg benannten. 1327 kamen Teile der Herrschaft an den Augsburger Bürger Heinrich Portner und weitere an Konrad Onsorg.

Onsorg hatte im Streit der Stadt Augsburg gegen den Herzog von Bayern diesem die Burg überlassen, er wurde deswegen mit Weib und Kind aus der Stadt verbannt. 1377 wurde Wellenburg durch den Augsburger Stadtvogt erobert und zerstört. Die Burg wurde wieder aufgebaut und Onsorg verkaufte sie zum Schein an die Marschälle von Pappenheim, die auch tatsächlich zeitweilig in der Burg saßen. Als deren Haufe einmal gerade zu einem Raubzug auf Augsburger Kaufmannsgut über Land gezogen war, gelang den Augsburgern 1396 die Überrumpelung der Besatzung. Nach diesem Erfolg wurde die Burg bis auf den Grund abgetragen.

1420 erhielt Hans Onsorg die Erlaubnis, auf den Trümmern der Burg ein Landhaus zu bauen, das allerdings bereits 1462 im Städtekrieg zerstört wurde, als der Bayernherzog Ludwig in der Nähe ein Feldlager errichtet hatte. Unverdrossen wurde es wieder aufgebaut, bis 1492 blieb es im Besitz der Familie Onsorg. Ein Teil der Herrschaft kam nun an Anton Lauginger, den Onsorgschen Anteil erbte die Augsburger Patrizierfamilie Lang. Matthäus Lang von Wellenburg, Kanzler Kaiser Maximilians, später Bischof von Gurk, erwarb 1507 den Laugingerschen Teil, war somit allein Herr des Platzes und baute 1513 ein „festes Lusthaus" für 32 000 fl., das auch dem Kaiser, der an diesem Vorhaben beteiligt war, zur Verfügung stand.

Nach Kaiser Maximilians Tod (1519), trat sein Enkel König Ferdinand als Mitbesitzer an seine Stelle, Matthäus Lang, der inzwischen die Kardinalswürde erlangt hatte, konnte seinen Teilhaber 1537 auszahlen, er wurde damit wieder Alleinbesitzer. Ferdinands Bruder Karl, als V. deutscher Kaiser seit 1519, feierte 1530 auf der Wellenburg Festlichkeiten und Turniere. Der aus diesem Anlaß um 1536 geschaffene Holzschnitt eines Augsburger Meisters, vermittelt die älteste Ansicht des Schlosses.

Es ist als rechteckiger Giebelbau mit Ecktürmen und einem hohen Treppenturm an der Front dargestellt, als ein Schloßtyp, wie er in dieser Periode in Süddeutschland üblich war (vgl. Harthausen etc.).
Auf Kardinal Matthäus Lang folgte als Besitzer sein Bruder Wilhelm, mit dem 1579 das Geschlecht im Mannesstamm ausstarb. Zuvor war das Schloß in den Jahren 1556–1561 gründlich renoviert worden. Die weiblichen Nachkommen der Familie Lang verkauften Schloß und Herrschaft 1595 um 70000 fl. an Jakob Fugger III. Aus Notizen des Augsburger Stadtbaumeisters Elias Holl, der bald nach dem Besitzerwechsel das äußere Tor neu erbaute, erfährt man, daß für die nächsten Jahre „ein gewaltiger Bau" geplant war, zu dem er bereits die „Visierung" gemacht habe. Der Tod des Schloßherrn verhinderte wohl dieses Projekt, so daß es im wesentlichen bei dem Bestand blieb, der im Laufe der Jahre noch Ergänzungen und Zubauten erhielt. So wurden 1595 die Schloßkapelle und die Stallungen durch Valerian Brenner aus Günzburg erneuert, der an die Stelle des Graubündners Antonio Riva getreten war. Hans Georg Mozart, Baumeister zu Augsburg, erledigte 1718–1720 größere Bauarbeiten.
Der Plan eines Neubaus wurde seit 1732 erneut erwogen, davon zeugen Gutachten, Pläne und Kostenvoranschläge, die von mehreren schwäbischen Baumeistern vorgelegt wurden. Diese waren: Johann Paulus von Augsburg, Joseph Schmuzer von Wessobrunn, Michael Stiller aus Ellwangen, Johann Kaspar Radmiller aus Thannhausen und Johann Georg Fischer aus Füssen. Endlich ließ Graf Joseph Maria Fugger 1737 durch Maurermeister Johann Georg Henkel das Schloß gründlich renovieren. Um diese Zeit wurde die aufwendige dreiläufige Treppe eingebaut und der große Mittelraum im Erdgeschoß zu Küche und Speisesaal unterteilt. Das ganze Schloß erhielt Rokokostuckdecken und im Speisesaal malte Georg Lederer aus Augsburg sein großes Deckenbild.
Die letzte wesentliche Veränderung erhielt das Schloß, das nun seit 1764 im Besitz der fürstlichen Linie Fugger-Babenhausen ist, durch maßvolle Anbringung neugotischer Elemente wie Staffelgiebel am Hauptgebäude und Zinnenkränzen auf den Türmen, die ursprünglich Zwiebelhauben und später Spitzhelme zierten.
Das Schloßgebäude hat nun, so wie es eingangs beschrieben ist, die Gestalt des Neubaus von 1513, der aber, wie ein Kupferstich aus der Mitte des 18. Jahrhunderts von Johann Jakob Kleinschmidt und Jeremias Wolf zeigt, bereits zu dieser Zeit keine Ecktürme mehr hatte und mit einem Walmdach bedeckt war, dem breitseits ein geschweifter Zwerchgiebel

Tafel 4 Speisesaal im Schloß Wellenburg mit einem Deckenbild von Georg Lederer von 1738.

60 Schloß Wellenburg im 18. Jahrhundert, nach einem Kupferstich von Johann Jacob Kleinschmidt.

aufgesetzt war. Es stand völlig frei auf der Höhe vor einem Terrassengarten. Zum Baubestand gehören außer dem Hauptbau mit Seitenflügel auch noch der diesem parallel gegenüber in gewissem Abstand vom Hauptgebäude stehende Verwaltungs- und Torbau. Die Stichkappen der Korbbogentonne in der Einfahrt setzen auf Konsolen an, die den Bau durch den ornamentalen Schmuck mit Engelsköpfen in das 17. Jahrhundert datieren lassen.

Im sicherlich mehrfach veränderten Erdgeschoßgrundriß waren wohl ursprünglich drei Räume zu zwei, drei, zwei Fensterachsen der Nordfront abgeteilt. Darin wurden 1737/38 durch weitere Unterteilung Treppenhaus, Küche und Speisesaal untergebracht. Die Schloßkapelle blieb im östlichen Drittel unverändert.

Zu den bemerkenswertesten Räumlichkeiten gehört der prächtige Speisesaal, den ein Stichkappengewölbe überspannt, das ursprünglich mit dem Sterngewölbe der anschließenden Küche zusammenhing und mit Rücksicht auf eine benötigte Bildfläche 1738 abgeändert und gänzlich verschliffen wurde. Es steht ringsum auf Halbsäulen an den Wänden, die ursprünglich freie Mittelsäule steckt nun in der Zwischenwand.

Das von Stuckvoluten, Kartuschen und Gitterwerkornament umrahmte Deckengemälde von Georg Lederer, 1738 gemalt, zeigt den klassischen Götterhimmel. Unter einem Regenbogen in einem Wolkengemach Jupiter und Juno tafelnd, über Baumkronen schwebend. Merkur fliegt heran, vor einem zwischen den Bäumen aufgespannten Teppich thront Diana auf einem Hirsch. Faune tragen Speisen herbei. Im linken Bildteil sitzen am Fuße des Parnass mit dem Pegasus Apollo und die Musen, im rechten Bildteil spielen Putten mit Palette und Staffelei mit Fuggerwappen und Schloßmodell. Die Inschrift „HAEC TRIA DELECTANT" deutet auf die dreifachen Lebensfreuden an Tafel, Jagd und Kunst.

Die Schloßkapelle ist ein schlichter Rechteckraum mit Tonnengewölbe und Stichkappen. Im neugotischen Altar steht am Antependium ein Holzrelief um 1520, Jesus fällt unter dem Kreuz. Holzfiguren des 15./16. Jahrhunderts, ein Marmorrelief der Auferstehung Christi um 1520, ein Flügelaltar mit Malerei des 16. Jahrhunderts und Glasgemälde gehören zur Ausstattung. Die Obergeschoßräume des Schlosses haben zumeist die Dekoration des 18. Jahrhunderts bewahrt.

20 Neuburg an der Kammel

Um nach Neuburg an der Kammel zu gelangen, wechselt man bei Ichenhausen auf der Strecke Günzburg–Krumbach nach Osten vom Günztal über die Höhe ins Kammeltal. Der Einzelfund einer römischen Goldmünze aus der Zeit Kaiser Maximians (286–305) bei dem Dorfe beweist nicht viel, von einer bedeutenderen Römerstraße im Kammlachtale ist zumindest nichts bekannt.

Erstmals erscheint der Ortsname jedenfalls gesichert, als König Philipp von Schwaben 1201 einem Bertold von Weissenhorn die Vogtei über das Kloster Ursberg verlieh, dieser Bertold war sehr wahrscheinlich ein Graf von Neuffen und zwar „Pertholfus de Nuinburg", der bei den Hohenstaufen in hohem Ansehen stand. 1209 schenkte Bertold von Neuffen „de Nuinburg" dem Kloster Ursberg ein Prädium zu Billenhausen. Diese Stiftung war in einer päpstlichen Bulle bestätigt, mit der Papst Innozenz III. die Besitzungen des Klosters Ursberg in Schutz nahm.

Daß sich dieser Bertold dann von Neuburg nannte, deutet darauf hin, daß auf der Höhe über dem Dorf, von der aus man das Tal der Kammel, oder wie sie früher hieß, der Kammlach nach Norden und Süden weit überblickt, zunächst eine alte Burg stand, von der allerdings keine Spuren erhalten sind.
Bertolds Nachfolger waren seine Söhne Heinrich und Albrecht, die sich in ihrem Amt als Klostervögte von Ursberg als rechte Schinder erwiesen, so daß König Heinrich VII. die Pfandschaft des Vogteirechtes einlöste und damit das Kloster, das zur Pfandsumme gerne 200 Mark Silber beisteuerte, von seinen Bedrückern befreite.
Die Grafen von Neuffen verkauften die Neuburg an Graf Albrecht von Hohenberg, der den Sitz 1285 an seinen Schwager, König Rudolf von Habsburg, ebenso weitergab. Da die Burg dann in wechselnder Folge zeitweilig unmittelbarer Reichsbesitz war, nahm König Heinrich VII. 1311 den Hermann von Münster zu den Burgmannen, die zur Bewachung der Burg bestellt wurden, als Belohnung für die dem Reich in Italien geleisteten Dienste. Kaiser Karl IV. verlieh Neuburg um die Mitte des 14. Jahrhunderts an Burkhard d. Ä. von Ellerbach, 1451 wurde Heinrich von Ellerbach durch Kaiser Friedrich III. mit der Veste und dem Markt darunter im Kammlachtale belehnt. 1441 am 29. Dezember verabredeten Heinrich von Ellerbach und Ulrich von Rechberg die Hochzeit zwischen Heinrichs Tochter Else mit Ulrichs Sohn Wilhelm. Demnach folgte dieser als Schwiegersohn 1458 nach. 1471 übergab Wilhelm von Rechberg zu Neuburg sein Schloß seinen Söhnen Wilhelm und Georg. 1524 folgte als Besitzer Hans Paumgartner d. J. aus dem Augsburger Patriziergeschlecht, der im gleichen Jahr das Schloß dem Memminger Erhard II. Vöhlin von Frickenhausen Freiherrn zu Illertissen überließ. Die Burg war damals *„von schlechter Beschaffenheit, unter den Rechberg fast vergangen und zerfallen und so teilweise eines neuen Aufbaues bedürftig"* (L. Schindlmayr). Der Charakter des Reichslehens wurde 1550/51 in den eines markgräflichen Burgauischen Mann-und-Weiberlehens geändert. Laut Inschrift über dem Torbogen des Schlosses bauten Hans Christoph Vöhlin und seine Gemahlin Veronika von Freyberg 1567 das jetzige Schloß. Die alte Burg wurde 1562 abgebrochen, der Bau des Schlosses in den Jahren 1562–1567 durchgeführt. Bei der Erbteilung von 1589 erhielt Ferdinand Vöhlin Neuburg, sein jüngerer Bruder Carl dafür Illertissen. Die 1632 erfolgte Einnahme durch die Schweden fügte dem Bauwerk erheblichen Schaden zu, sie verbrannten das Schloß, so daß es längere Zeit unbewohnbar war. Als in der abermaligen Teilung von 1651 Hans Albrecht Vöhlin

die Herrschaft erhielt, mußte er 1654 zunächst im Amtshaus Wohnung nehmen, bis das ruinierte Schloß nach vier Jahren wieder instandgesetzt worden war. Eine Modernisierung der Räume im 1. Obergeschoß wurde 1720–1730 wohl noch unter Johann Ludwig Guidobald Carl Vöhlin durchgeführt.

Franz Carl von der Neuburger Vöhlin-Linie verzichtete 1751 zu Gunsten des Illertisser Vetters Ludwig Vöhlin, der hoher Schulden wegen die Herrschaft Illertissen an Kurfürst Max III. Josef von Bayern verkauft hatte und 1756 seine Residenz nach Neuburg verlegte. Franz Carl starb 1754 in München. Nach Ludwigs Tod 1785 ging das Lehen an seine Töchter über. Die ältere, Maria Anselmia Ludovica war Stiftsdame von Remiremont und lebte nach Aufhebung des Stiftes bis zu ihrem Tode in Neuburg. Die jüngere Maria Theresia Josepha Carolina Walburga, die in zweiter Ehe mit Joseph Kornritt Edler von Ehrenhalm vermählt war, bewohnte gleichfalls Schloß Neuburg, wo sie 1816 starb. Danach fiel das Lehen der Krone Bayerns anheim. An die Vöhlin erinnern Grabsteine in der 1593 neuerbauten Pfarrkirche.

Bayern verlieh das Lehen Verdienste halber an Freiherrn Adam von Aretin, dessen Nachkommen es heute noch besitzen. Baronin Elisabeth Aretin-Praschma bewohnt heute nach dem Tode ihres Gatten Heinrich von Aretin seit 1943 das Schloß allein, der Hauptsitz der Familie ist Schloß Haidenburg in Niederbayern. 1911 wurde die Schloßkapelle renoviert. Ein Brand vernichtete 1929 den Dachstuhl.

Beherrschend liegt das Schloß — eine typische Zungenburganlage — auf der Höhe über dem Ort im Tale, es bildet mit der auf einem tieferen Plateau stehenden Pfarrkirche, umgeben von hohen Bäumen ein stattliches, harmonisches Bild. Ganz im Sinne der Renaissance ist die Anlage, die man aus einer geraden Straße auf dem Höhenrücken erreicht, symmetrisch auf eine Mittelachse ausgerichtet geplant. Wie zum Empfang steht hinter dem eingefüllten Graben der Torturm da mit Zangenquaderkanten am Untergeschoß, einem oktogonalen Aufbau, wohl um 1600, und einer Laterne mit Kuppelhaube. Durch das Spitzbogentor, über dem als Relief die Wappen Vöhlin-Freyberg und die Jahreszahl 1567 unter einer Inschrifttafel an die Bauherrschaft erinnern, betritt man den von Wirtschaftsgebäuden flankierten Hof, Stall im Norden, Scheune im Süden, an deren Westgiebeln jeweils ein Rundturm mit Spitzhelm steht, der wieder durch ein Mauerstück mit dem Torturm verbunden ist. Ein Gitter zwischen vier Steinpfeilern schließt den Hof gegen ein Gärtlein unmittelbar vor dem Schloß ab.

62 Schloß Neuburg a. K., Rückfront vom Torturm aus.

Das dreigeschossige Hauptgebäude mit Satteldach zwischen zinnenbesetzten Schweifgiebeln und ebenso gestalteten Zwerchgiebeln in der Mitte der Längsseiten, hat an der Westseite ein exzentrisches Doppelportal zum Erdgeschoß und zum Keller. Die stichbogigen Fenster sind nicht symmetrisch verteilt. Durch einen kurzen Quergang von Westen, sowie durch ein Tor im Nordgiebel betritt man die im Mittelfeld des in der Längsrichtung dreigeteilten Grundrisses liegende Einfahrtshalle. Ziegelpflaster und das großflächig kassettierte Tonnengewölbe in drei Jochen bestimmen hier das Raumbild. Das vierte Joch am Südende wurde im 18. Jahrhundert als Sakristei abgetrennt.

Bis auf einen sind alle Erdgeschoßräume gewölbt, die westlichen mit einer bzw. zwei mittleren Säulen. Der nördliche Raum in dieser Zeile ist die Schloßkapelle, zu deren Ausstattung der Altar um 1720–1730 mit dem Bild der Stigmatisation des hl. Franziskus gehört, ferner zwei Seitenaltäre mit der Gruppe der Kreuzabnahme links — ein Hauptwerk des Christoph Roth aus dem 1. Drittel des 17. Jahrhunderts — und einer bekleideten Muttergottes mit Kind aus der 2. Hälfte des 18. Jahrhunderts rechts.

63 Schloß und Ort Neuburg a. K. nach einem Votivbild von 1629 in der Pfarrkirche.

Eine einfache Treppe mit zwei geraden Läufen und Mittelpodest führt seitlich zur Diele des 1. Obergeschosses, die in der Ausdehnung der unteren Halle gleichkommt und mit einer hölzernen Kassettendecke überspannt ist. Unter den Gemälden an den Wänden ist auch der Stammbaum der Familie Vöhlin vom Ende des 17. Jahrhunderts. Der über der Sakristei liegende Raum, die Ahnengalerie, wurde 1720–1730 ausgestaltet. In die Wandvertäfelung sind 17 Ahnenporträts des 16. und 17. Jahrhunderts jeweils mit Wappen eingefügt. Die Bildnisse des Erbauers des Schlosses, Hans Christoph Vöhlin und seiner Frau Veronika geb. von Freyberg, in ganzer Gestalt, stehen zu beiden Seiten der Nordtür. Lambert Sustris aus Amsterdam war der Künstler (1552), er malte auch Eduard II. Vöhlin d. Ä., dessen Bild am Fensterpfeiler hängt. (Die wertvollen Gemälde, am Ort nur Kopien, hängen in großen Galerien).
Der größte Raum in der Südwestecke hat eine Stuckdecke um 1720–1730, Rahmenstuck mit figürlichen Reliefs. So sitzende Putten, die Bauplan, Palette, Notenblatt und Fernrohr halten, womit wohl der künstlerische und wissenschaftliche Interessenbereich der Schloßherrschaft angedeutet sein dürfte. Ferner Rauchvasen und das Vöhlinwappen, sowie Reliefbüsten der Minerva und des Mars vereinigen sich hier zu einer mit Blütenketten reich geschmückten Komposition. Stuckdecken in weiteren Räumen stammen wie die vorbenannte von der Renovierung in der 1. Hälfte des 18. Jahrhunderts. Das zweite Obergeschoß mit bescheideneren Räumen ist derzeit unbewohnt.

21 Schloß Illertissen

Von der ersten Nennung Illertissens in der „vita sancti Udalrici" für das Jahr 954, als hier die Heere König Ottos I. und seines rebellierenden Sohnes Liutolf sich gegenüberstanden, bis zum erneuten Aufscheinen des Ortsnamens in einem Urbar des Klosters Einsiedeln um 1220 verging eine lange Zeit, aus der über das Aussehen und das Schicksal des Ortes und der Burg nichts bekannt ist. In das Licht der Geschichte tritt Illertissen im 14. Jahrhundert, als es den Grafen von Kirchberg 1343 gelang, die Herrschaft Illertissen von den Erbinnen der von Aichheim und Spät von Faimingen durch Heirat und Kauf in ihrer Hand zu vereinigen. Die Herrschaft bestand derzeit aus Burg und Dorf Tissen, den Dörfern Jedesheim, Vöhringen, Tiefenbach, Wangen, zwei Weihern zu Dattenhausen und verschiedenen Patronaten.

Als Burgstelle hatten die unbekannten Gründer bereits im 12./13. Jahrhundert den Geländesporn oberhalb der Siedlung ausgewählt, der weit in das Illertal vorstoßend nach Norden, Westen und Süden freien Ausblick gestattete. Gesichert durch Steilhänge auf drei Seiten und den schmalen, von einem tiefen Graben durchschnittenen Zugang von Osten, bot der erwählte Platz für die Kriegsverhältnisse des Mittelalters die besten Voraussetzungen zur Verteidigung.

Es ist nicht bekannt, ob Graf Eberhard VII. von Kirchberg, der 1417–1440 in Urkunden genannt ist, die Burg Illertissen zu seiner Residenz machte, um die Sicherheit des Ortes zu genießen; überliefert ist, daß er am Martinstag 1430 durch Kaiser Sigmund ein Marktprivileg erhielt und ihm für den Ort die Hohe Gerichtsbarkeit verliehen wurde. 1472 ließ Graf Eberhard „merklicher Ursach halber" eine Schloßkapelle erbauen und stattete diese mit der Stiftung einer ewigen Messe aus.
Seit 1441 erst kann von einer Herrschaft Illertissen im eigentlichen Sinn die Rede sein, die nach und nach durch Landkäufe zustandegebracht, aber, wie ein späteres Urteil bestätigte, kein Reichslehen war. 1516 ist in einer Urkunde erstmals am 12. Oktober eine Herrschaft Illertissen genannt, als Kaiser Maximilian für diese dem Grafen Johann von Montfort, die 1430 für den Markt erteilte Hohe Gerichtsbarkeit bestätigte. Graf von Montfort, Schwiegersohn des letzten Grafen Philipp von Kirchberg, folgte 1510 im Besitz und 1518 der Enkel des letzten Kirchberg, Freiherr Schweickhard von Gundelfingen, der die Herrschaft am 13. Dezember 1520 an Erhard Vöhlin verkaufte.
Die Vöhlin, ein Memminger Patriziergeschlecht, das mit Conrad Vöhlin, Richter zu Memmingen 1340 erstmals genannt ist, gehörte der Großzunft genannten Patriziergesellschaft dieser Stadt an. Aus den Erträgen dieser Gesellschaft stammte der beträchtliche Reichtum der Familie, die wie andere ihresgleichen in der zweiten Hälfte des 15. Jahrhunderts begann, das Kapital wertbeständig in Grundbesitz anzulegen. Als große Herren in Handels- und Geldgeschäften strebten die Vöhlin darüber hinaus auch den gesellschaftlichen Aufstieg an. Um gleichberechtigte Mitglieder des landsässigen Adels zu werden, war ihnen auch das Mittel einer Urkundenfälschung recht, die ihnen eine angeblich 1417 von König Sigmund verliehene Hofpfalzgrafenwürde und uralten Adel bestätigte. Der Erfolg heiligte auch hier die Mittel, und Heiraten mit Angehörigen angesehener alter Familien verhalfen zur unbezweifelten Anerkennung des Vöhlinschen Adels. Erhard II. Vöhlin wurde 1524 in den Schwäbischen Bund aufgenommen, er war Mitglied der Reichsritterschaft in Schwaben, Kanton Donau.
Die Vöhlin waren bestrebt, in ihrem Territorium Fremdbesitzungen aufzukaufen, so z. B. die Güter und Rechte des Stifts Edelstetten um den beträchtlichen Preis von 20000 fl. Der neue Herr auf der Burg Illertissen begann 1523 mit der Instandsetzung des verwahrlosten Anwesens, doch wurden seine Bemühungen zunächst durch aufrührerisches Landvolk im Bauernkrieg gehindert und, nachdem er hatte nach Ulm fliehen müssen,

gänzlich unterbunden. Die Bauernhaufen trieben ihr Unwesen in der Burg, doch war der Spuk bald beendet und die Herrschaft kehrte zurück. Nun begann der Aufbau in großem Stil. 1526 fing man mit den Arbeiten am hinteren Schloß auf der Spitze des Bergsporns an, 1529 stand der Bau, ein rechteckiges Giebelhaus mit vier Ecktürmen, so wie es auf einer posthumen Ansicht von 1675 dargestellt ist.
Der Sicherheit dienten auch eine Ringmauer und abseits stehende Rundtürme, der „Lueginsland" im südlichen Schloßgarten und ein zweiter auf dem Badstubenberg. In Teilen steckt Mauerwerk dieses ersten Schlosses noch im heutigen Bau. 1549 vernichtete ein Großfeuer, das durch Abbrennen eines Elsternestes in einem Kamin entstanden war, das ganze Schloß samt kostbarer Ausstattung und allen Vorräten.

65 Schloß Illertissen nach einem Aquarell von Hohbach um 1850 im Museum Ulm.

Nach dem Tode seines Vaters 1547 setzte Hans Christoph Vöhlin (1521/22–1576) dessen Politik des Landerwerbs fort, er vollendete auch den Wiederaufbau des Schlosses, den sein Vater unmittelbar nach der Brandkatastrophe unverdrossen begonnen hatte. Der dreigeschossige Bau mit hohen Wellengiebeln und zwei diagonal angesetzten, polygonalen Bodenerkern, erhielt nun seine endgültige, bis zur Gegenwart erhaltene Gestalt. Hans Christoph ließ auch den Schloßbau seiner zweiten Herrschaft Neuburg an der Kammel verbessern.
1595 verwandelte sein Sohn Carl Vöhlin die Reste der mittelalterlichen Burg, das vordere Schloß, im Stil seiner Zeit. Der Torturm erhielt den oktogonalen Aufbau und eine in Kupfer gedeckte Haube, die Schloßkapelle wurde renoviert.
1646 belagerten verbündete Franzosen und Schweden das Burgschloß. Der Hausherr Hans Eberhard Vöhlin zog es vor, sich mit zwei Neffen durch einen unterirdischen Fluchtweg abzusetzen, anstatt die ungebetenen Gäste zu empfangen, die sich dann auch selbst Zugang verschafften und plündernd nahmen, was man ihnen nicht gutwillig gab.
In der Erkenntnis des fragwürdigen Wertes der Wehranlagen, entschloß sich Johann Joseph Christoph Vöhlin (1680–1751) im Jahre 1705 die Befestigung zu beseitigen. An die Stelle der Zugbrücke trat eine feste Brükke auf gemauerten Bögen, die Wehrmauern gegen Westen wurden durch eine leichte Balustrade ersetzt. Der Schloßherr, in erster Ehe mit Maria Catharina Gräfin Fugger von Kirchberg und Weißenhorn und in zweiter Ehe mit Marie Louise Gräfin von Gravenegg vermählt, scheute keine Kosten und Mittel, um seine Residenz nach der Mode seiner Zeit zu verschönern.
Allerdings überstieg dieser Aufwand bald die finanziellen Möglichkeiten des Hauses, insbesondere führte die unkontrollierte Baulust der Baronin Marie Louise, die an Stelle ihres zeitweilig geistesgestörten Gatten die Herrschaft im Hause an sich gerissen hatte, zu wachsender Verschuldung. Endlich bestellte der als Subdelegat eingesetzte Baron Anton von Riedheim den Generalvikar Gotthard Vöhlin, Bruder des Schloßherrn, und seinen Neuburger Vetter Johann Alexander Vöhlin zu Administratoren. Baronin Marie Louise, der die Administration lästig und hinderlich war, beantragte, um sich davon zu befreien, 1736 beim Kanton Donau die Aufhebung und unmittelbare Übernahme der Aufsicht über die Herrschaft Illertissen, sie erhielt jedoch einen abschlägigen Bescheid.
Der inzwischen mündig gewordene junge Baron Joseph Vöhlin erregte durch unqualifiziertes, standesunwürdiges Betragen allgemeinen Unwil-

len, er vermehrte die Schuldenlast in unverantwortlicher Weise. 1738 wurde der ritterschaftliche Syndikus Aloys von Pflummern nach dem Tode des einen Administrators, Baron Johann Alexander Vöhlin, dem Baron von Riedheim zur Unterstützung durch den Kanton Donau beigegeben.

Alle Bemühungen zur Sanierung der Herrschaft scheiterten nach wie vor an der Verschwendungssucht der Familie Vöhlin-Illertissen. Auch die Bitte des Kantons Donau 1738 an den Kaiser, eine geschärfte Anordnung bezüglich der Befolgung der Administrationsverordnung an die Familie Vöhlin zu erlassen, fruchtete nichts. Ebenso konnten verschiedene Sanierungspläne des Kantons Donau, durch Umschuldung eine Besserung zu erreichen, keinen Wandel bewirken. Der Versuch, die Herrschaft Illertissen zu verpachten, konnte von der Familie Vöhlin verhindert werden.

Die allgemeine politische Lage, die von den Kriegen Preußens gegen Österreich bestimmt war, begünstigte eine Entwicklung in Illertissen, die letztlich zum Übergang der Herrschaft an Bayern führte, das seit längerer Zeit bestrebt war, seinen Machtbereich in Schwaben zu erweitern. Zunächst aber wurden die Bestrebungen der Familie Vöhlin zur Wiederherstellung der eigenen Administration in der Regierungszeit Karls VII. als deutschem König aus dem Hause Wittelsbach gefördert. Erst die Wahl Franz I. zum deutschen Kaiser und die damit erneute Übernahme der Geschäfte des Reiches durch das Haus Österreich, ermöglichte der Ritterschaft wieder, eine Aufstellung über die inzwischen beträchtlich angewachsenen Schulden der Vöhlin zu erhalten. Diese Feststellung bewog dann auch den Ritterkanton, dem Kaiser den Entzug der Administration durch Joseph Vöhlin d. J. zu empfehlen.

Der Kaiser wies darauf 1749 den Ritterkanton Donau an, Joseph Vöhlin d. J. die Administration zu entziehen und diese den Freiherren von Giel und von Ungelter zu übertragen. Joseph Vöhlin jedoch hatte derweilen bereits auf Anraten des Konsulenten Nübling mit Freiherrn Joseph Schenk von Staufenberg einen Administrationsvertrag abgeschlossen und zur kaiserlichen Genehmigung vorgelegt. Der Kanton Donau entschied sich entgegen ursprünglichen Absichten zum Einverständnis mit dem Staufenbergschen Administrationsvertrag, der nur zustandegekommen war, weil einerseits Joseph Vöhlin darin eine Möglichkeit sah, unter großzügiger Aufsicht seine verschwenderische Lebensführung fortsetzen zu können, und Baron von Staufenberg hoffte, die in den Jahren 1748/49 der Familie Vöhlin geliehenen 19 000 fl. in eigener Regie wieder

kassieren zu können. Jedoch ergab dieses Verhältnis lediglich nach Jahresfrist die totale Zahlungsunfähigkeit, was die Einsetzung einer Untersuchungskommission durch den Ritterkanton Donau 1751 auf Anweisung des Kaisers zur Folge hatte.
Die Kommission schlug den Verkauf der Herrschaft als einzige Möglichkeit zur Befriedigung aller Gläubiger vor, da der von der Familie Vöhlin angebotene Verkauf der ihr zugefallenen Herrschaft Neuburg a. d. Kammel nicht die erforderlichen Mittel erbracht hätte. Die darauf sowohl von der Ritterschaft wie auch von Joseph Vöhlin betriebenen Bemühungen um einen Käufer waren von sehr verschiedenen Motiven bestimmt. Während Joseph Vöhlin im eigenen Interesse an der Erzielung einer hohen Kaufsumme interessiert war, war die Ritterschaft besorgt, die ritterschaftlichen Rechte zu wahren und beim Verkauf genügend Mittel zur Auszahlung aller Gläubiger zu erhalten.
Während jedoch die Ritterschaft Möglichkeiten des Verkaufs oder Ankaufs erwog und verwarf, kam es zwischen Joseph Vöhlin d. J. und dem Kurfürsten von Bayern in München in aller Heimlichkeit 1756 zu einem Vertragsabschluß, der vorbehaltlich kaiserlicher Genehmigung zur Verwirklichung im geeigneten Moment bereitgehalten wurde.
Durch den bayerischen Oberhofmeister und Generalfeldmarschall Freiherrn Joseph von Stein wurde am 13. September 1757 die Besitzergreifung förmlich vollzogen, die kaiserliche Genehmigung erfolgte erst am 16. Januar 1764, bis zu diesem Zeitpunkt war Bayern zunächst widerrechtlich im Besitz der Herrschaft. Der Protest der Ritterschaft blieb ohne Reflex, 1803 wurde die Herrschaft in Kurpfalzbayern, 1806 in das Königreich Bayern inkorporiert, nachdem sie zunächst als Kabinettsherrschaft des jeweiligen Kurfürsten gegolten hatte. Nun diente das Schloß zunächst als Rentamt und Landgericht und zu Wohnungen für die Beamten. Seit 1861/62 beherbergte es das Bezirksamt (Landratsamt), das Amtsgericht und das Finanzamt, nach der Gebietsreform nur noch das Amtsgericht.
Man betritt das Schloß durch den zwischen einen Giebelbau von 1590 und ein niedrigeres, traufseitiges Gebäude eingefügten Torturm. Das Spitzbogentor steht in einer vormals zur Aufnahme der Zugbrückenplatte dienenden Rechteckblende, oberhalb steht in einer Segmentbogennische die Steinfigur der Muttergottes. Am Schloßhof liegt dem Torturm gegenüber das hintere Schloß, bestehend aus dem zuvor geschilderten Hauptgebäude und dem rechts angefügten, niedrigeren „französischen Bau“ mit Mansarddach und polygonalen Ecktürmen. Das Portal mit dem

Vöhlinwappen bildet den einzigen Schmuck der Fassade, einige Stuckdecken des 16. Jahrhunderts sind im Inneren erhalten. Auf der Nord- und Westseite ist das Schloß von einem Zwinger begleitet.
In der Schloßkapelle am vorderen Schloß, deren Dreiseitschluß in den Hof einspringt, sind die Kreuzgewölbe und Stichkappen von Rokokostuck übersponnen. Die Inschrift in einer Rocaillekartusche an der Rück-

66 Altar der Schloßkapelle Illertissen von 1751.

wand über der Empore besagt: daß Erhard Vöhlin die Kapelle 1520 erwarb, sie nach Zerstörung 1523 wiederherstellte und weihen ließ, daß Carl Vöhlin sie 1595 erneuerte und Joseph sie 1751 dekorieren ließ. Der Altar mit Engelsfiguren am Rahmen der Mittelnische, in welcher an Stelle eines vormaligen Gnadenbildes ein Kruzifix steht, ist von der Figur Gottvaters in Wolken mit Puttenköpfen bekrönt, seitlich stehen die Figuren von Johannes Evang. und Bapt. Nach dem Zweiten Weltkrieg wurde die Kapelle restauriert und wieder nutzbar gemacht.

Tafel 5 *Südliche Schmalwand des Zedernsaales im Schloß Kirchheim. Decke und Portal Meisterwerke von Wendel Dietrich um 1585.*

22 Schloß Kirchheim

Am östlichen Rande der Hochebene, über der von der Mindel und der Flossach durchströmten Talniederung, stand lange bevor von hier das mächtige Fuggerschloß von ferne den Wanderer grüßte, eine kleine Burg als Wächter. Darin saßen vom 11.–13. Jahrhundert die Herren von Kirchheim, Lehnsleute des Bistums Augsburg. Um 1290 gehörte die Burg Schwigger von Mindelberg, bereits um 1300 der Augsburger Familie Onsorg und seit 1329 den Freibergern bis 1435 mit kurzer Unterbrechung von 1369–1372, in welcher Zeit hier der Couns oder Konrad saß. Es folgten die Schellenberg, die 1484 ausstarben, als Nachfolger hauste Hans von Hürnheim auf der Burg Kirchheim, die dann sein Enkel Hans Walther 1551 an den Reichsgrafen Anton Fugger verkaufte.

Anton Fugger, der seit 1539 Herr von Markt und Schloß Babenhausen war und mit dieser Herrschaft einen Schwerpunkt seines Landbesitzes im oberen Schwaben gesetzt hatte, war auch weiter um Zuwachs seiner Ländereien bemüht. 1544 konnte er im Bestreben um eine Erweiterung nach Norden das Dorf Weilbach nordwestlich von Mindelheim im Kammlachtale an sich bringen, um dann am 5. November 1550 mit Hans Walther von Hürnheim über den Erwerb der Herrschaft Schlösser und Güter Kirchheim und Eppishausen, Duttenstein, Alfingen und Stettenfels sowie eines Hauses in Ellwangen für sich und seinen Neffen um 250000 fl. handelseins zu werden. Der urkundliche Vollzug des Verkaufs wurde dann am 22. Januar 1551 in Augsburg abgeschlossen. Auch Fahrnis, Mobiliar, Getreide, Wein und Hausrat wurde am 31. März des gleichen Jahres gegen Zahlung von 4882 fl. 21 Kr. übernommen.

Zur frühen Geschichte Kirchheims gehört ein von Kardinal von Granvela, dem Staatssekretär Karls V., unterzeichnetes Salvaguardia-Formular für die Besitzungen Anton Fuggers in Derndorf und Kirchheim, das am 29. August 1552 zu Augsburg, also ein Jahr nach dem Vertragsschluß, ausgestellt wurde.

Anton Fugger starb in Augsburg am 14. September 1560 und wurde an der Seite seiner Frau in der eigens angelegten Gruft in der Pfarrkirche von Babenhausen beigesetzt. Sein Sohn Hans, der 1575 die Nachfolge angetreten hatte, ließ in den Jahren 1578–1582 das mächtige, im wesentlichen erhaltene Schloß in Kirchheim als Vierflügelanlage mit Ecktürmen nach Plänen des Augsburger Stadtbaumeisters Jakob Eschay erbauen. Sicher diente das 1546–1573 erbaute Schloß der bayerischen Herzöge in Dachau als Vorbild. Einmal begonnen, schritt der Bau rüstig voran, bis 1580 stand der Rohbau, Zimmermeister Kaspar Hag konnte den Dachstuhl aufrichten, und der innere Ausbau wurde in Angriff genommen. Vollends bis 1587 wurde mit der Aufstellung des von Hubert Gerhard und Carlo Pallago geschaffenen Kamins im Zedernsaal der Schlußpunkt gesetzt.

In dieser Generation war nicht nur der Bau als solcher erstellt, es waren auch die Räume durch Hans Fugger und seinen Sohn Markus mit wertvollem Kunstgut gefüllt. Gemälde bedeutender Meister, Werke der Plastik, kostbares Mobiliar bildeten die überaus prächtige Ausstattung.

Doch verfolgen wir, bevor wir das Schloß im einzelnen betrachten, noch kurz die weitere Geschichte des Hauses und seiner Besitzer. Auf Hans Fugger, den Begründer der Linie Fugger-Kirchheim, folgte sein Sohn Markus d. J. und sein Enkel Johannes. Mit Johann Eusebius starb die Linie 1672 aus. Ebenso erging es der Linie von Markus Bruder Christoph im Jahre 1678, worauf das gräfliche (seit 1913 fürstliche) Haus Fugger-Glött an die Stelle trat.

Doch auch im 18. Jahrhundert wurden, dem neuen Zeitgeschmack entsprechend, Wohnräume umgestaltet und neu dekoriert. Neue Türen,

68 Schloß Kirchheim an der Mindel, aquarellierte Zeichnung von Joseph Fuchs, Mitte 19. Jahrhundert, im Museum Ulm.

Stukkaturen des Mindelheimer Meisters Abraham Bader und neue Kamine ergaben in Teilen des Schlosses eine modernere Raumgestaltung.
Der gegenwärtige Chef des Hauses, Fürst Joseph Ernst, adoptierte Graf Albert Arco und heiratete Angela geb. von Kienlin, mit denen gemeinsam er bemüht ist, das Schloß nicht nur zu erhalten, sondern auch Verluste, die zu Beginn des 19. Jahrhunderts durch Abbruch des Nord- und Teilen des Westflügels und weitere willkürliche Veränderungen entstanden waren, nach Möglichkeit auszugleichen und wiederherzustellen, abgewandertes Kunstgut zurückzukaufen und den einheitlichen Renaissancecharakter des Schlosses erneut zur Geltung zu bringen.
Durchaus symmetrisch ist als Hauptfassade die Ostfront des Schlosses gegen den Park angelegt. Die zwischen Giebeln mit geschweiften Stufen stehende, von quadratischen Türmen weiterhin eingespannte Wandfläche ist durch die Fenstereinteilung in drei Geschossen auf die Mittelachse bezogen gleichseitig gegliedert. Im Zentrum steht das Portal in strenger

Architekturrahmung mit rundbogigem Tor in rustizierter Rechteckblende unter einem Segmentgiebel. Seitlich angeordnet sind zwei kleine rechteckige Fußgängerpforten, darüber befinden sich Muschelnischen mit großen Terrakottafiguren des Herkules und des Mars, wahrscheinlich Werke von Hubert Gerhard. Die aus der Mittelnische 1930 abgestürzte Figur der Minerva ersetzt nun eine neubarocke Bronzestatue der Patrona Bavariae. Süd- und Westfassade, dem Tal zugewandt bzw. hinter der am Westflügel angefügten Kirche verborgen, sind weniger bedeutend. Der in den Westflügel einbezogene Kirchturm neben dem Chor, mit quadratischen Untergeschossen und drei oktogonalen, mit Ecklisenen gegliederten Obergeschossen und dem Zwiebelhelm gibt, den breitgelagerten Bau hoch überragend, in der Fernsicht dem Schloß einen besonderen Akzent.
Durch das große Portal betritt man die Erdgeschoßhalle des Ostflügels, ein weiter, von Kreuzgewölben überspannter Raum tut sich auf, der durch vier in der mittleren Längsachse stehende Säulen in zwei Schiffe geteilt ist. Eine schlichte Steintreppe in der Ecke führt zu dem darüberliegenden Zedernsaal, der einzigartigen Sensation dieses Schloßgebäudes. Fenster in zwei Zonen geben von den Langseiten her Licht, ihre tiefen Laibungen wechseln mit Nischen, in denen überlebensgroße Terrakottafiguren, Sagengestalten und historische Personen, von Carlo Pallago und Hubert Gerhard geschaffen, aufgestellt sind. Die festliche Wirkung dieses zu den bedeutendsten Renaissanceräumen Süddeutschlands zu zählenden Saales, ist jedoch wesentlich von der bewundernswürdigen Kassettendecke bestimmt, die Meister Wendel Dietrich zum überwiegenden Teil in Zedernholz arbeitete, die dem Raum den Namen gab. Dieses Spitzenwerk der Kistlerkunst ist ebenso durch den Reichtum der Ornamentik wie durch die Kühnheit der Konstruktion und den Reiz verschiedener Holztönungen und Schattierungen von einmaliger Schönheit und Eleganz.
Der Decke im Material entsprechend stehen an den Schmalseiten Portale in reicher Rahmung, von Doppelsäulen auf hohen Sockeln mit vergoldeten Kapitellen flankiert, mit verkröpftem Gebälk und Gesims und von Giebelstücken, einem Aufsatz mit Kartusche unter durchbrochenem Giebel bekrönt. Originelle Bronzetürklopfer, wohl auch von Hubert Gerhard geschaffen, vervollständigen an dem in reichen Füllungen geteilten Türblatt die üppige Dekoration. Der bereits genannte Kamin von 1587 an der Ostwand fügt sich harmonisch in den Raumschmuck.
Besonders reizvoll sind die von einem hofseitigen Gang aus zugänglichen Räume des Südflügels im ersten Obergeschoß, die das Treppenhaus ein-

69 Bronzegriff am Portal des Zedernsaales, wohl von Hubert Gerhard um 1585.

schließen. Alle in ihrer Eigenart, mit jeweils besonderem Dekor und einer angepaßten Ausstattung in allen Einzelheiten zu beschreiben ist hier nicht der Raum gegeben, hervorzuheben ist das südwestliche Eckzimmer, das sogen. Frundsbergzimmer, mit reich gegliederter Kassettendecke aus der Bauzeit und dem reizvollen, mit einem Stichkappengewölbe überspannten Eckerker.

An den Erbauer des Schlosses erinnert das Hochgrab des Hans Fugger in der Chormitte der Pfarrkirche, ein bedeutendes Werk, das der Niederländer Alexander Colin nach einem Wachsmodell seines Landsmanns Hubert Gerhard ausführte (1584–1587). Der Tote ist in voller Rüstung liegend dargestellt.

23 Schloß Türkheim

Türkheim, vormals in der Herrschaft Schwabegg gelegen, eine Ansiedlung aus der Zeit der Landnahme, ist seit dem 11. Jahrhundert genannt. Auf ihrer bereits gegen Ende des 10. Jahrhunderts urkundlich erwähnten mächtigen Burg saßen als welfische Lehnsträger die Schwabegger, die 1167 im Mannesstamm ausstarben. Als Erben der Herrschaft folgten die Hohenstaufen und nach Konradins Tod 1267 das herzogliche Haus Bayern, das bereits Pfandinhaber der Herrschaft war. Im Zuge kriegerischer Auseinandersetzungen zwischen dem Hochstift Augsburg, dessen Schirmvögte die Herren von Schwabegg waren, und der vereinigten schwäbischen Ritterschaft kam es 1371 zur Zerstörung der Burg Schwabegg und, nachdem hier die notdürftig wieder aufgebaute Anlage den herzoglichen Vögten und Kastnern als Wohnsitz gedient hatte, zur Verlegung der Herrschaft nach Türkheim.
Hier saß zunächst ein gleichnamiger Ortsadel, dessen Burgstelle am Ort des heutigen Feuerhauses vermutet wird. Ein später an dieser Stelle errichtetes, dreigeschossiges Haus wurde in der zweiten Hälfte des 15. Jahrhunderts erworben, um hier das herzogliche Kastenamt, Zoll und

Gericht unterzubringen und für Richter und Vogt als Amtssitz zu dienen. 1713 ist das Haus noch in der Herrschaftsbeschreibung erwähnt.
1375 wurde die Herrschaft an den Ritter von Waal verpfändet und kam auf dem Erbwege von 1433–1454 an die Riedheim, Herren von Angelburg. Weitere Pfandinhaber waren 1493 Sigmund Gossenbrod, Bürgermeister von Augsburg für den Ort und zugleich der Rat der Stadt Augsburg für die Herrschaft. 1504 folgten die Brüder Franz und Hans Baumgartner von Augsburg und von 1529–1542 Wolf Dietrich von Knöringen, der 1532 begann, in Türkheim ohne Zusammenhang mit dem vormaligen Ansitz an der Südwestecke des Ortes ein Schloß zu bauen.
Die Mittel zum Schloßbau erpreßten die Knöringen durch erhöhte Auflagen von ihren Untertanen, insonderheit von den steingadischen Dörfern Siebnach, Wiedergeltingen und Irsingen. Als die dem Oberlehnsherrn vorgetragenen Klagen über unerträgliche Ausbeutung der Landbevölkerung trotz Ermahnung des Lehnsträgers überhandnahmen, löste der Herzog 1542 den Pfandvertrag auf und übertrug ihn den Grafen von Rechberg, unter deren Herrschaft das Schloß um 1600 noch wesentlich ausgebaut wurde. Es war nun, wie auf einer alten Ansicht dargestellt, ein dreigeschossiger Bau mit Zinnengiebeln und einem an der östlichen Breitseite vorgesetzten, starken Turm, wohl ein Treppenturm mit dem rundbogigen Portal. Das Ganze war umgeben von einer zinnenbekrönten Ringmauer mit Ecktürmen und drei Toren, dazu nördlich bescheidene Nebengebäude.
Um der vermehrten Kriegskosten halber höhere Einnahmen aus der Pfandschaft zu erzielen, wurde diese 1622 an die Füllen von Windach und 1628 an den Fürsten von Hohenzollern, der mit dem bayerischen Herzogshaus verwandt war, vergeben. Die Pfandsumme betrug inzwischen mehr als das Doppelte.
Während des Dreißigjährigen Krieges hatte Türkheim nicht nur im Pestjahr 1627/28 hohe Menschenverluste, die Durchzüge von Kaiserlichen und später auch der den Schweden verbündeten Truppen, verursachten darüber hinaus Schäden an Gebäuden und Verwüstungen. Zeitweilig bewohnte während des Krieges Fürst Meinrad von Hohenzollern das Schloß.
Das Jahr 1666 brachte durch den Rückerwerb der Herrschaft durch das kurfürstliche Haus Bayern für Türkheim eine Wendung zum Besseren. Kurfürst Ferdinand Maria, der das Pfand von seinem Onkel Fürst Meinrad von Hohenzollern auslöste, übergab die Herrschaft seinem jüngeren Bruder, Herzog Maximilian Philipp, der sich hier niederließ und bemüht

war, das Ortsbild Türkheims den Ansprüchen eines Fürstensitzes entsprechend zu verschönern. Im Zuge dieser Maßnahmen erfolgte auch in den Jahren 1682–1686 der Umbau des Schlosses. An der Südwestecke fügte 1695 der Münchner Hofbaumeister Giovanni Antonio Viscardi das sogen. kleine Schloß, hauptsächlich als Behausung der Fürstin an. Matthias Stiller verschönte die Appartements 1695 durch Stuckarbeiten, 1704 wurde das kleine Schloß aufgestockt.
Jedoch nicht nur die Gebäude, auch die Umgebung erhielt ein neues Gesicht, Gartenanlagen und Nebengebäude vervollständigten den Ausbau dieser kleinen Residenz. Durch Ankauf der Herrschaft Mattsies, der Hofmark Amberg, der Herrschaft Angelburg und der Dörfer Weicht und Beckstetten erweiterte Herzog Maximilian Philipp sein Herrschaftsgebiet. Da seine Ehe mit Mauritia Febronia geb. Gräfin von Bouillon kinderlos geblieben war, zog Kaiser Joseph I. die Herrschaft 1705 als Reichslehen ein, für mehrere Jahre kassierte das Hochstift Augsburg, dem sie als Pflegegericht übergeben war, die herrschaftlichen Gefälle. Im Friedensschluß 1714, der den spanischen Erbfolgekrieg beendete, wurde die Herrschaft an Bayern zurückgegeben. Die Kurfürsten Max Emanuel und Maximilian III. Joseph bewohnten das Schloß vorübergehend gelegentlich auf Jagdausflügen.
Unter dem letzteren erhielt das Schloß durch nochmaligen Umbau seine endgültige Gestalt. 1754 lieferten François Cuvilliés d. Ä. und sein Schüler Karl Albrecht von Lespilliez Entwürfe. Die Ausführung übernahm jedoch der Münchener Hofbaumeister Leonard Matthäus Gießl, der nach eigenem Zeugnis „den Türkheimischen Schloßbau ohne Aufsicht eines Baumeisters nach Contento besorgte". Der Umbau erstreckte sich hauptsächlich auf den inneren Ausbau und die Neugestaltung des Daches.
Letzter Bewohner des Schlosses war von 1791–1797 Pflegkommissar Alois von Predl, nach dieser Zeit diente es bis 1860 als Amtsgebäude für das herrschaftliche Pfleggericht, dann Landgericht und seit 1862 Amtsgericht. Nun steht es leer und bietet rings herum ein einigermaßen trostloses Bild, eine baldige Neuverwendung und damit verbundene gründliche Instandsetzung, in die auch der gänzlich verwahrloste Garten einzubeziehen wäre, erscheint in hohem Maße notwendig und wünschenswert.
In der an sich imposanten Baugruppe sind an einem weiten Hof der große Kubus des Hauptgebäudes, das an einer Ecke angesetzte, in die Straßenflucht vorgeschobene kleine Schloß mit dem die Straße sperrenden Ludwigstor und Nebengebäuden an der West- und Nordseite des Hofes vereinigt. Das Hauptgebäude, dreigeschossig mit 5:9 Achsen und einem

steilen Walmdach ist nur durch die regelmäßige Gruppierung der Obergeschoßfenster an der Langseite und einem mittleren Bodenerker mit flachem Giebel an der Schmalseite gegliedert. Zwei hohe, mit geschweiften Giebeln abgeschlossene Dachgauben betonen die Symmetrie der Hauptfassade.

Das Innere des Schlosses hat durch Einfügung von Zwischenwänden und Fluren und Sälen zur Abteilung nutzbarer Büroräume seinen ursprünglichen Charakter weitgehend verloren. Als Generalschema ist in allen drei Geschossen eine Dreiteilung des Raumes in der Längsrichtung durchgeführt, in der die Querwände nach der Lage der Fenster Räume abteilen. Während die Erdgeschoßräume durchgehend überwölbt sind, finden sich in den Obergeschossen Flachdecken.

Gleichfalls dreigeschossig, jedoch von geringerer Höhe und mit einem flachen Walmdach bedeckt, ist das kleine Schloß, dessen Fassaden durch Putzbänder vertikal und durch Gesimse horizontal gegliedert sind. Im ersten Stock liegen an der Westseite vier repräsentative Räume mit Stuckdecken, die vormals die Fürstin bewohnte. Der an der vorderen Ecke des kleinen Schlosses angesetzte, kurz vor 1829 errichtete, begiebelte Torbau, der die Straße mit einer Kassettentonne überspannt, erhielt den Namen Ludwigstor, als der Bayernkönig auf seiner Huldigungsfahrt den Markt passierte. Die den Schloßhof im Norden und Westen flankierenden Nebengebäude sind architektonisch von untergeordneter Bedeutung.

71 *Das Ludwigstor am Schloß in Türkheim von 1829.*

24 Schloß Höchstädt a. d. D.

Am Ostende der Stadt Höchstädt steht an der Spitze eines Geländesporns am Hochufer des weiten Donautales das Schloß. Ein breiter, sichelförmiger Halsgraben, den heute an Stelle der vormaligen Zugbrücke ein Damm überquert, trennt den kegelförmigen Schloßhügel vom Vorgelände ab. Die ganze Anlage, die zwar als Ansatzpunkt der Stadtwehr mit dieser eine Einheit bildet, ist doch vom Lebensraum der Bürger wirksam getrennt und vor ihrem gelegentlichen Unmut geschützt.
Vor Zeiten stand am gleichen Ort eine bescheidene Burg. Auf einem Flurplan von 1585 ist sie dargestellt und als eine der üblichen Ministerialenburgen mit einem frei stehenden Bergfried, einer Ringmauer mit einem Eckturm und Wohngebäuden gut zu erkennen. Deutlich wird auf diesem Plan auch, daß es die unmittelbar am Fuß des Burghügels liegende Donaubrücke zu bewachen galt. 1081 ist diese Burg erstmals genannt als Sitz von Reichsministerialen, der Ritter von Höchstädt. Zu jener Zeit also war hier ein Stützpunkt im staufischen Machtbereich. Ob nun die Staufer auch die Gründer waren oder ob bereits zuvor die Grafen von Dillingen oder die Manegolde von Donauwörth hier einen Wehrbau anlegten,

ist nicht geklärt. Auch für das Kloster Reichenau, das hier begütert war, hätte es einen Grund zum Bau einer Burg gegeben. Es dürfte aber doch die Annahme einer staufischen Gründung die größte Wahrscheinlichkeit für sich haben.

Mit dem konradinischen Erbe kam der Platz an die Wittelsbacher, in einer Urkunde Kaiser Ludwigs des Bayern 1342 ist erstmals von „unserm Vogt zu Höchstädt" die Rede. Die Wittelsbacher waren es auch, die durch Ortsverlegung die ursprünglich weiter abseits liegende Bürgersiedlung in die unmittelbare Nähe der Burg brachten und zu einer Wehreinheit verbanden. Im Zuge der mehrfachen Teilungen Bayerns kam die Burg im 15. Jahrhundert nach dem Aussterben der Ingolstädter Linie an die reichen Landshuter und endlich, nach dem für alle Beteiligten unglücklichen Ausgang des bayerischen Krieges, durch den Spruch des Kaisers, zum neugegründeten Fürstentum (Pfalz) Neuburg, das zur Versorgung der Waisen aus Landshuter und Pfälzer Geblüt, Ottheinrich und Philipp, geschaffen wurde.

Ottheinrich, Bauherr des bedeutenden Schlosses in Neuburg an der Do-

73 Schloß Höchstädt an der Donau, stadtseitige Front mit dem in das Renaissanceschloß einbezogenen Bergfried der mittelalterlichen Burg.

nau und eines Palastes im Heidelberger Schloß, hatte als einer der ersten in deutschen Landen Anregungen des später Renaissance benannten neuen Stilgefühls aufgenommen und angewendet. Dabei hatte man in Neuburg den noch im Geiste der Spätgotik konzipierten Baukörper lediglich mit neuartiger Ornamentik dekoriert.
Sein Neffe und zweiter Nachfolger in Neuburg, Herzog Philipp Ludwig, unternahm es nun, bei seinem Schloßneubau in Höchstädt, der die baufällige mittelalterliche Burg ersetzen sollte, ein Werk der Renaissance in einer akademischen Lösung aufzurichten. Der durchaus regelmäßige, quadratische Grundriß der Vierflügelanlage ergab im Aufbau einen Baublock von schlichter Größe, dem vier runde Ecktürme mit Kegeldächern und dem geschickt in der Mitte der Front einbezogene Bergfried der alten Burg, den Ausdruck wahrhaft fürstlicher Monumentalität gaben.
Die Pläne zum Bau fertigte Philipp Ludwigs Hofbaumeister Sigmund Doctor, der später auch in Neuburg den Bau der Hofkirche leitete. Gilg Vältin aus Graubünden führte die Maurerarbeiten aus. 1589 begann man mit der Beschaffung des Materials, zunächst stand der Abbruch der alten Burg zur Verfügung, ferner ließ der Herzog Quader der römischen Kastellruine von Faimingen auf der Donau herunterflößen, der Rat von Lauingen hatte hier seine Zustimmung gegeben. Kalkbruchsteine aus Wittislingen als Füllwerk der Schalenmauern mußten Scharwerksuntertanen und — auf Bitten des Herzogs — Lauinger Bürger anfahren.
Bis 1593 war wohl der Rohbau erstellt, der Innenausbau nahm noch etliche Jahre in Anspruch. 1598 gab Sigmund Doctor seinem Herrn einen Bericht über den Stand der Bauarbeiten, darin ist bereits von Schreinerarbeiten wie Fußböden, Täfelungen und Bänken die Rede, bis 1603 war alles zum Einzug der fürstlichen Herrschaften bereit.
Am 3. Oktober 1616 bezog Herzogin Anna das Schloß, das sie als Witwensitz bis zu ihrem Tode 1632 bewohnte. 1635 plünderten schwedische Dragoner vom Regiment Rosen den Nachlaß der Fürstin, den man eben bergen wollte. Gobelins, Kleider, Silbergeschirr und wertvollste Kleinodien fielen den Soldaten in die Hände. Den schwärzesten Tag seiner Geschichte erlebte Höchstädt am 15. August 1634, als Kroaten der Kaiserlichen plündernd und mordend in die Stadt eindrangen, die Einrichtung des Schlosses wurde zerstört, die Registratur ruiniert. Auch bayerische Reiter, die am 12. September des gleichen Jahres die Stadt heimsuchten, verfuhren nicht besser als ihre Vorgänger. Unberührt blieb das Schloß am Tage der Schlacht im spanischen Erbfolgekrieg 1704, der Verlierer, Kurfürst Maximilian Emanuel, nahm hier vorübergehend Quartier.

74 1591 datierter Spindelsockel der Wendeltreppe im nördlichen Treppenturm im Schloß Höchstädt.

Verblieben ist im wesentlichen der Baukörper als solcher. Vier fast gleiche Flügel umschließen den geräumigen Hof, in den das große Rundbogenportal führt. Frauengestalten mit Posaunen und Blumenvasen in Flachrelief empfangen den Gast, Säulenpaare flankieren das Tor, in dessen Segmentgiebel sich der Bauherr und seine Gemahlin, die reiche Anna von Jülich-Cleve mit ihrem Wappen dokumentiert haben. Durch eine Torhalle unter kassettiertem Tonnengewölbe betritt man den Hof. Vormals zierten Sgraffitomalereien die Wände, wohl in ähnlicher Weise, wie sie der Vater des Herzogs, Herzog Wolfgang am Ottheinrichsbau in Neuburg hatte anbringen lassen. In den südlichen Hofecken stehen zwei polygo-

75 Portal, vormals zum Rittersaal, nun zum neuen Treppenhaus im Schloß Höchstädt, um 1600.

nale Treppentürme, über deren Zugängen jeweils wieder das Allianzwappen der Bauherrschaft steht. Steinerne, runde Wendeltreppen mit verzierten Sockeln der Spindel und der Jahreszahl 1594 führen zu den Obergeschossen.

Wie die erhaltenen Originalpläne ausweisen, wurden im Laufe der Zeit den jeweiligen Verwendungszwecken entsprechend im Inneren Veränderungen vorgenommen. Zunächst fügte man sehr bald am Nordende des Ostflügels ein Treppenhaus zur Entlastung der beiden Wendeltreppentürme ein. Ein weiteres Treppenhaus in der Mitte des Westflügels, 1911 eingebrochen, bedeutete einen schwerwiegenden Eingriff in das Grundkonzept des Bauwerks. Zwei charakteristische Räume, die Dürnitz im Erdgeschoß und der Rittersaal im zweiten Obergeschoß wurden dadurch zerstört. Gänzlich unmotiviert steht das prächtige Portal zum Rittersaal mit seinen intarsierten Türfüllungen und den beiderseits verschieden gestalteten Umrahmungen am obersten Podest der neuen Treppe. Die Decke des Rittersaales, 1889 in das Landtagsgebäude nach München verbracht, verbrannte 1944.

Den späteren Neuburger Fürsten diente das Schloß auf längere Dauer nicht mehr als Residenz, für einige Tage wurden ein paar Räume bei einem Besuch Kurfürst Karl Theodors 1752 hergerichtet. Stukkaturen des 18. Jahrhunderts zeugen allerdings davon, daß das Schloß stets bewohnt war. 1796 sollte hier ein Kriegsarsenal der mittelpfälzischen Truppen errichtet werden, jedoch erübrigten sich diesbezügliche Bemühungen, weil französische Truppen 1791 unter General Moreau eher am Platze waren und das Schloß besetzten. 1879–1928 diente das Schloß als Behördensitz, 1946 richtete der Caritasverband ein Altersheim ein, das Borromäerinnen betreuten. Nach ihrem Auszug stand das Haus leer, nun soll hier Kunst und Kunstgut aus bayerischem Staatsbesitz eine neue Bleibe finden.

25 Schloß Blumenthal

Die spätere Hofmark Blumenthal gehörte seit der Mitte des 13. Jahrhunderts dem Deutschen Ritterorden. 1210 schenkte Herzog Ludwig der Kelheimer dem zu dieser Zeit noch im Heiligen Lande kämpfenden Deutschen Orden zur Unterstützung in der Heimat Kirchen und Liegenschaften im Regensburger Sprengel, darunter auch die Kirche von Aichach, es war eine der frühesten Schenkungen an den Orden. Alsbald wurde in Aichach ein Ordenshaus begründet, als dessen erster Komtur am 1. Juni 1250 Dietericus commendator domus in Aichach genannt wird. In der Folgezeit flossen dem Hause reiche Schenkungen zu, darunter auch Blumenthal, das im 13. Jahrhundert ein Gut des Berchtold von Schiltberg war. Bereits am 4. Juli 1296 verlieh Herzog Ludwig dem Komtur von Aichach für dieses und das ihm zugleich untergeordnete Haus Blumenthal — das hierbei erstmals erwähnt ist — das Niedergericht über seine Güter, wo er bald „nach dem Buche" richtete.
Das Ordenshaus Aichach kam dann durch Tausch gegen die Pfarreien Rohrenfeld und Weichering an die Herzöge Stephan, Friedrich und Johannes von Bayern, die Komturei wurde darauf nach Blumenthal verlegt, wo sie bis zur Auflösung 1806 bestand. Die Reihe der Komture des Hauses Aichach-Blumenthal, 61 an der Zahl, beginnt mit Dietrich dem

Gräul, nach Johann von Gundelsheim 1385, dem 10. der Reihe, folgen Komture des Hauses Blumenthal bis zu Karl Joseph Ludwig Frhr. von Epfingen 1783–1794. Die Komturei Blumenthal gehörte zur Ballei Franken und stand unter dem Landkomtur zu Ellingen.
1405 am 13. April erlaubte Herzog Stephan den Brüdern: „daß sie ein offen Tafern in dem Hofe zu Plumenthal gehaben mügen". Nach und nach erwarb das Haus ausgedehnten Grund- und Güterbesitz, so daß endlich in der Hofmarkenkonskription von 1752 fünf geschlossene alte Hofmarken eingetragen wurden, in denen die Deutschordenskommende Blumenthal Hofmarksgerechtigkeit übte. Diese fünf Hofmarken waren: 1. Die Hofmark Blumenthal-Klingen, 2. die Hofmark Oberbernbach, 3. die Hofmark Sielenbach-Stunzberg, 4. die Hofmark Haunswies und 5. die Hofmark Unterscheitbach.
Obernbach war bereits 1315 vom Deutschen Orden erworben. Stunzberg war im 13. Jahrhundert Sitz des gleichnamigen Geschlechts, nach Besitzwechsel innerhalb der Familie war es 1518–1611 Besitz der Herren von Weichs. Seit 1615 erhielt der Deutschordenskomtur die Hofmarksgerechtigkeit auf die Hofmark zuerkannt, das Schloß Stunzberg wurde im Dreißigjährigen Krieg verbrannt. Haunswies kam 1720 in den Besitz des Deutschen Ordens. Unterschneitbach war im 12./13. Jahrhundert Besitz der Schenken von Schneitbach, 1415 erhielt Seitz Marschalk zu Oberndorf den Burgstall mit allen Zugehörungen vom Herzog zu Lehen. Es folgten 1427 Hans Kamerauer, 1448 Heinrich Gumppenberg, dann im

77 Schloßgut Blumenthal, Tor im Hofbering zur Ecknach.

78 Schloßkirche St. Maria zu Blumenthal, 1733 erbaut.

16. Jahrhundert wechselnde Besitzer, bis der Sitz 1720 an den Deutschen Orden kam, der das Gut als Lehen nacheinander an die Weichser, die Grafen von Hund, die Gumppenberg (1753) und an Carl Albert Graf von Minucci (1763) gab, seit 1780 waren hier die Grafen von Thurn und Taxis Hofmarksherren.

Mit dem Preßburger Frieden endete die Herrlichkeit, alle Besitzungen der Deutschordenskommende fielen dem Königreich Bayern zu und wurden zum Landgericht eingezogen. Im Tausch gab Bayern dem Grafen Joseph Maria Fugger von Dietenheim den Besitz um Blumenthal gegen dessen Lehnsherrschaften Dietenheim und Brandenburg an der Iller. Blumenthal kam zur Gemeinde Klingen, 1818 bildete die Gemeinde mit den dazugehörigen Orten das gräflich Fuggersche Ortsgericht Blumenthal, das 1820 nach dem Tode des kinderlosen Grafen an die Linie Fugger-Glött kam. Graf Karl-Rasso von Fugger-Glött erhielt das Gut zu lebenslänglichem Genuß, nach dem Tode erwarb sein Sohn, Eberhard Graf Fugger, Blumenthal als Eigentum. In der Gegenwart ist Schloß Blumenthal fürstlich-gräflich Fuggersches Altersheim.

Durch einen Torbau betritt man einen weiten, fast ganz von Gebäuden umschlossenen Hofraum. Das Kreuz mit der Jahreszahl 1783 am Turm deutet auf den Deutschen Ritterorden als seinerzeitigen Gutsherrn. Das Schloß selbst, in der zweiten Hälfte des 16. Jahrhunderts erbaut, ist heute ein schlichter, dreigeschossiger Bau von 2:13 Achsen mit polygonalen Ecktürmchen. Über dem durchlaufenden Traufgesims ein Walmdach mit Dachgauben und Zwiebelhauben an den Ecken. Zu den Gebäuden, die den Hof umschließen, gehören Scheunen, Stallungen, ein Wirtshaus und ein Wohnhaus, Wagenremisen, zwei sich gegenüberliegende Tortürme und die Schloßkirche mit der Kaplansbehausung. Die Kirche, der Jungfrau Maria geweiht, wurde laut Inschrift am Chorbogen 1733 durch den Komtur von Weichs erbaut, der Chor ist im 19. Jahrhundert angefügt. An der Südwand stehen Grabsteine von Komturen und Ordensrittern. Seit 1353 ist ein Pfarrer in Blumenthal erwähnt, der Deutsche Orden hielt hier einen eigenen Kaplan.

26 Wallerstein Residenz

Ihrer Wohnungen nach der Vernichtung des Burgschlosses 1648 auf dem Felsen beraubt, trachteten die gräflich-oettingischen Familien nach neuen Unterkünften für den Aufenthalt am Residenzort. Im Bereich der späteren neuen Residenz stand das sog. „Grüne Haus", ein Fachwerkbau aus dem 16. Jahrhundert, ehemals Behausung des Martin Schlag, Pfleger von Baldern, das baulich verändert heute eingebunden risalitartig am Südflügel des neuen Schlosses vortritt. 1651 hatte Graf Martin Franz von Baldern den Westtrakt mit einer offenen Galerie im Erdgeschoß errichten lassen, seit Unterbringung der reichen Gemäldesammlung in diesem Bau 1812–1841, nannte man ihn den „Galeriebau". Ein weiteres Element des neuen Komplexes war der 1663 unweit der bestehenden St.-Anna-Kapelle errichtete „Neue Bau" der Linie Oettingen-Baldern. Die vorhandene Lücke im Süden ließ Graf Ernst II. durch den „Welschen Bau"

80 Reitschule im Park der Residenz Wallerstein, 1741–1751 nach Plänen von Paul Ulrich Trientel aus Wien erbaut.

schließen, hofseitig wurde er mit dem „Grünen Haus" in eine Flucht gestellt. Ihre endgültige Gestalt erhielt die Dreiflügelanlage dann 1805, als man die einzelnen, nacheinander entstandenen Elemente durch Zwischenglieder zusammenschloß, gleichzeitig wurde der Südflügel um ein Geschoß aufgestockt. Die schlichte Architektur ist nur durch Putzrustika und Spalierlatten belebt.
Die gegen Ende des 15. Jahrhunderts erbaute Schloßkapelle St. Anna, die in die Gesamtanlage integriert ist, erhielt ihr heutiges Gesicht durch die Renovierung von 1865. Ein Holzrelief, die heilige Sippe darstellend, im neugotischen Hauptaltar wird dem Kreis um Daniel Mauch aus Ulm zugeschrieben.
Neben dem Ausbau der neuen Residenz gingen zunächst im 17. Jahrhundert Bestrebungen einher, das alte Schloß auf dem Platz der Ruine wieder aufzubauen. Zwei Entwürfe blieben erhalten, von denen einer mehr als Wiederaufbau gedacht alte Grundmauern berücksichtigte, wäh-

rend der andere auf weitgehend planierter Fläche eine Vierflügelanlage mit Ecktürmen nach dem Schema früherer Renaissanceschlösser vorsah, der westlich ein zweiter, von Gebäuden umschlossener Hof angefügt sein sollte. Ob die geplanten antiquierten Wehrbauten entwicklungsbedingten Ansprüchen eines modernen Wehrbaus entsprochen hätten, mag bezweifelt werden.

81 Torbau im „Alten Schloß" Wallerstein, laut Inschrift 1582 erbaut.

Jedoch entgegen solchen Plänen, die zu verwirklichen wohl die Finanzkraft des Hauses überstiegen hätte, wurde die Ruine von Herrschaft und Bürgern, als Steinbruch benützt, bald total abgetragen, bis nur der kahle Felsen übrigblieb. Auf dem Gelände entstanden seit 1789 wohl unter Ausnutzung erhaltener Reste neue Gebäudetrakte, die sich in unregelmäßig, vieleckiger Brechung um die Süd-, West- und Nordseite des Felsens legen. Man erreicht heute den Torbau von Westen her auf einer Brücke über den tiefen Graben. In den Gebäuden sind das Archiv und die fürstliche Brauerei untergebracht, sie sind teils ein- teils zweigeschossig über dem Sockelgeschoß als Grabenwand. Der Torbau mit Rundbogentor, Ecklisenen an der Fassade, trägt ein Zeltdach. Laut Inschrift ist er 1582 unter Graf Wilhelm von Oettingen erbaut worden. Eine Holztafel im Torweg mit der farbigen Darstellung einer unter dem Beil auf dem Block liegenden Hand und der Inschrift: „STRAFF DER BURGFRIDS BRECHER“ zeigen an, welche Strafe der Brecher des Burgfriedens zu erwarten hatte.

27 Schloß Haslangkreit

Um 1300 erscheinen die Haslanger auf der Burg zu Greut, die dann seit dem 14. Jahrhundert Haslangkreit heißt. 1340 haben sie die Mühle an der Paar vom Herzog zu Lehen, 1420 auch das Dorfgericht, und 1464 gehören Stockhausen, Winden und Haslangkreit zu Heinrich Haslangers Hofmark. Um 1600 erkauften die Haslanger auch Altismühle und Buch, die im 15. Jahrhundert noch zur Hofmark Kühbach gehörten. Winden und Stockhausen wurden bald veräußert. Die Hofmarkskonskription von 1732 umfaßt die Hofmark der Grafen von Haslang — nach Aussterben der Linie Haslangkreit 1704 ging der Besitz an die Linie Hohenkammer — zwei unterschiedliche alte Einheiten: 1. Die geschlossene Hofmark Haslangkreit mit Paar, Abtismühle, Ober- und Unterbuch am rechten Paarufer gelegen und 2. die geschlossene Hofmark Großhausen mit Radersdorf und Ödmühle am linken Ufer der Paar.
Das Schloß, dem wohl eine im 13. Jahrhundert gegründete Wasserburg voranging, hat im Laufe der Jahrhunderte mehrfache Änderungen erfahren. Bereits aus dem Jahre 1568 gibt es eine Darstellung in Apians gro-

ßem topographischem Werk der „Bairischen Landtafeln". Sie mag den um diese Zeit geschaffenen Bestand veranschaulichen. Schon damals handelte es sich um eine Vierflügelanlage mit Arkadenhof auf einem flachen Hügel von einem Wassergraben umgeben. Der Baubestand war im 16. Jahrhundert im wesentlichen der gleiche wie zu Beginn des 18. Jahrhunderts, wie der Kupferstich in Michael Wenings „Bayrischer Landsbeschreibung" erweist. Geändert haben sich nur die Bauformen und die Dekoration, will sagen der Zeitgeschmack.

An die Stelle der steilen Treppengiebel waren geschweifte Stufengiebel getreten. Das Satteldach auf dem Torbau war durch ein Zeltdach mit Laterne und Zwiebelhelm ersetzt. Eine ähnliche Veränderung hatte das Zwerchhaus mit dem Glockentürmchen über der Schloßkapelle auf dem Ostflügel erfahren. Das ursprünglich schlichte Tor erhielt gleichzeitig eine dekorative Rahmung mit flankierenden Säulen und durchbrochenem Giebel. Eckrustika, Lisenen- und Gesimsgliederung in zeitgemäßer Profilierung gaben hier und am Ostflügel den Fassaden ein neues Gesicht.

Augenscheinlich gab es, wie auf Apians Schaubild ersichtlich, an der Südwestecke einen starken Turm mit Zinnen, der vielleicht der hier über-

83 Schloß Haslangkreit um 1560. Federzeichnung von Philipp Apian, in: Bairische Landtafeln, Ingolstadt 1568.

84 Der nach Abbruch des Torbaus reduzierte Baubestand des Schlosses Haslangkreit gibt den Blick auf die Hofarkaden frei.

nommene mittelalterliche Bergfried war, den dann mit angrenzenden Bauteilen im 17. Jahrhundert nüchtern gestaltete West- und Südflügel ersetzten. Die mehrfach angebrachte Jahreszahl 1681 läßt erkennen, daß zu dieser Zeit Umbauarbeiten vorgenommen wurden. Wie man bei Wening sieht, wurde auch der einfache Wassergraben verdoppelt, um den Schutz des Schlosses zu verbessern.

Der gegenwärtige Zustand des Schlosses wurde im 19. Jahrhundert durch Abbruch des Südflügels und damit des Torhauses geschaffen. Es verblieb eine Dreiflügelanlage mit dem Arkadenhof, der sich nun gegen den Park öffnet. Hier befand sich zwischen innerem und äußerem Graben die Vorburg oder der Wirtschaftshof mit landwirtschaftlichen Gebäuden, von der aus man über eine Holzbrücke zum Schloßtor gelangte. Als Pendant zum vorhandenen Südgiebel des Ostflügels erhielt nun auch der abgeschnitte-

ne Westflügel einen Giebel an der Südseite in den gleichen Formen. Die Gräben sind eingefüllt, an der Ostseite ist der innere Graben als flache Mulde erhalten und mit Obstbäumen bepflanzt.
Nach Aussterben der Grafen von Haslang kam das Schloß 1840 an den Grafen Maldeghem. Im Besitz dieser Familie blieb das Schloß, bis es in jüngster Zeit von Heinrich Rössig übernommen wurde. Von aller Pracht vergangener Jahrhunderte ist wenig verblieben. Schöne Stuckdecken und die bemerkenswerte Ausstattung der Kapelle mit drei Kreuzgewölben auf Konsolen und der Hochaltar mit dem Gemälde der Verkündigung aus dem 17. Jahrhundert, sind die letzten Zeugen der Raumkunst und Dekoration des 17. und 18. Jahrhunderts. In der Kapelle werden auch gegenwärtig noch Gottesdienste gehalten. Geblieben ist immerhin der Reiz des Bauwerks, das, wenngleich verstümmelt, im Rahmen der inzwischen verdichteten Parklandschaft noch vom sicheren Proportionsgefühl der unbekannten Baumeister zeugt.

28 Schloß Waal

Grundherr in Waal war seit dem Ende des 9. Jahrhunderts das Kloster Ottobeuren. Dieser Besitz ging bereits im 12. Jahrhundert an die Hohenstaufen, von denen er nach deren Aussterben als Erbe an Herzog Ludwig II. von Bayern fiel. Außerdem waren in Waal auch das Stift Kempten und das Hochstift Augsburg begütert.

Am Ort stand eine Burg, die ein reiches Rittergeschlecht, das sich nach dem Ort nannte, bewohnte und vom 12. Jahrhundert bis zu seinem Aussterben 1475 nach wirtschaftlichem Niedergang besaß. Als Stammvater gilt Dieto von Waal, der urkundlich um 1150 erscheint. Ein etwa gleichzeitig lebender Reginboto von Waal war Ministeriale Herzog Welfs VI. In einem Verzeichnis der Vasallen des Klosters Ottobeuren von ca. 1170 ist Burkhard mit seinen fünf Brüdern von Waal als Lehensträger genannt. Hermann von Waal zog 1227 zu einer Kreuzfahrt ins Heilige Land, wo er den Tod fand. Ministeriale der Augsburger Kirche war Bartholomäus von Waal, mit dem die gesicherte Geschlechterfolge beginnt. Seit dem 12. Jahrhundert war offenbar das Hochstift Augsburg Lehensherr von

Waal, die Ritter von Waal versahen des öfteren das Amt des bischöflich Augsburgischen Schenken. Die Lehenschaft bezog sich nach Aussage überkommener Lehenbriefe seit dem 15. Jahrhundert auf das Schloß, die untere Mühle nebst der Hofmark Mühlbach und die dazugehörige Niedergerichtsbarkeit.

1367 am 13. April verkaufte Iwan I. von Waal den Besitz an den Ritter Heinrich Schnellmann. 1387 zerstörten die Augsburger die Burg Waal im Städtekrieg. Die Schnellmann verkauften die Herrschaft Waal um 1401 an Hermann von Freyberg, der Ort erhielt unter den Freybergern Marktrecht und der Gutsbesitzer 1444 die hohe Gerichtsbarkeit. Zu dieser Zeit dürfte auch eine Ortsbefestigung aus Wall und Graben mit zwei Toren geschaffen worden und die Burg wiederhergestellt worden sein.

Der Streit um das Erbe nach dem Aussterben der Waaler Linie der Freyberg brachte den Besitz 1487 an Eglof von Riedheim zu Angelburg, der nach längeren gerichtlichen Auseinandersetzungen mit den nächsten Freyberger Erben im Besitz des Schlosses blieb, mit dem er 1498 durch Bischof Friedrich II. von Augsburg belehnt worden war.

Eglof von Riedheim zu Angelburg und Waal starb 1511 ohne eigene Nachkommenschaft. Sein Neffe Konrad wurde nach Erbauseinandersetzungen 1517 von Bischof Heinrich von Lichtenau mit dem Schloß und der unteren Mühle belehnt. Durch schweren Schaden, den er durch Verlust seiner Schlösser in Angelburg und Waal im Bauernkrieg 1526 erlitten hatte, war Konrad von Riedheim 1527 genötigt, den ganzen Besitz in Waal um 9 000 fl. an Hans Jakob von Landau zu verkaufen, der auch die übrigen Güter in Waal nach und nach an sich brachte.

Die Landau blieben bis zum Aussterben der Familie im Mannesstamm 1601 Herren in Waal. In dieser Periode dürfte das Schloß unter Einbeziehung von Resten der alten Burg in den Westteil des Hauptgebäudes seine endgültige Gestalt mit den vier Eckerkern erhalten haben. Vier Töchter Heinrichs, des letzten Landau in Waal, teilten das Erbe. Dem Gatten von Euphrosine Landau, Heinrich von Muggenthal, gelang es, die vier Erbteile nacheinander zu erwerben. Er war seit 1631 in Bayern in den Freiherrnstand erhoben und hinterließ sein beträchtliches Erbgut 1636 seinen sechs Söhnen, von denen Johann Dietrich und Konrad Sigmund die Herrschaft Waal zufiel. Johann Dietrich und Karl Ferdinand, der 1648 am Erbe beteiligte Bruder, waren Domherrn in Salzburg. Konrad Sigmund residierte in Waal, er erlangte um 1668 den Grafentitel. Der Besitz wechselte durch Erbschaft und Verkauf von den Muggenthal an Kloster Hl. Kreuz in Augsburg, die Grafen Schenk von Castell, die Hauptlinie Ober-

86 Schloß Waal. Verwaltungsgebäude mit dem Tor zum Schloßhof.

dischingen derselben, dann kamen durch den Preßburger Frieden 1805 die Hoheitsrechte an die Krone Bayerns.
1820 kaufte Erbprinz Erwein von der Leyen den Besitz um 250 000 fl. und ergänzte ihn durch Zukäufe weiterer Gemeindefluren zur Herrschaft Waal-Unterdiessen. Die von der Leyen und Hohen-Geroldseck waren eines der ältesten, angesehensten und begütertsten Rittergeschlechter des Rheinlandes. Die Stammreihe beginnt im 12. Jahrhundert, der Stammsitz, der bereits 1357 genannt wird, war Leyen bei Gondorf nahe Kreuznach. 1653 wurde die Familie in den Reichsfreiherrnstand erhoben, 1705 von Kaiser Josef I. mit der Grafschaft Hohen-Geroldseck belehnt und infolgedessen 1711 in das schwäbische Grafenkollegium aufgenommen. Bei Eintritt des Philipp Franz von und zu der Leyen und Hohen-Geroldseck 1806 in den Rheinbund, wurde das Geschlecht in den Fürstenstand erhoben.
Mehrere Mitglieder der Familie kamen in weltlichen und geistlichen Ämtern zu hohen Ehren, so im 17. Jahrhundert als Erzbischöfe von Mainz und Trier. Ihr Beitritt zum Rheinbund geriet der Familie nach dessen Auflösung zum großen Nachteil, ihre Besitzungen kamen zunächst unter

österreichische, dann 1819 unter großherzoglich badische Oberhoheit. 1818 wurde das Haus von der Leyen im Königreich Bayern in die Klasse der Fürsten immatrikuliert. Durch den Verkauf der Güter Arenfeld und Gondorf gewannen sie Mittel zum Erwerb der Herrschaft Waal-Unterdiessen.

Schloß Waal, auf erhöhter Terrasse stehend, ist ein dreigeschossiger Rechteckbau von neun zu vier Achsen mit Bodenerkern an allen vier Ecken, die in Höhe des Traufgesimses mit Flachdächern abgeschlossen sind. Das gewölbte Dach hat die Form eines umgestülpten Bootskörpers mit Sektoren an den Ecken. Am ersten Dachgeschoß stehen der Fensterzahl der Fassade entsprechend hohe Dachgauben mit kurzen Walmdächern, im Geschoß darüber dienen an der Front drei Lucken der Beleuchtung des Dachbodens.

Die Gliederung der Fassade ist spärlich, jedoch in ansprechenden Verhältnissen; sie besteht im wesentlichen in der Reihung der Fenster mit Kreuzstöcken und Klappläden und in der Betonung der Mittelachse durch die von aufgemalter Rustika umrahmte, korbbogige Tür und drei rundbogige Fenster darüber im ersten Obergeschoß. Über dem mittleren Fenster ist das Wappen des Hausherrn unter dem Fürstenhut angebracht. Im Innern ist neben gut möblierten Räumen ein Personenaufzug von 1820 bemerkenswert, den die zweiläufige Treppe umschließt.

Die schräg zum Hauptgebäude verlaufende Terrassenmauer mit Gitter und Balusterbrüstung schließt einen Pavillon ein. Diese Mauer begrenzt nach Osten den von ein- und zweigeschossigen Wirtschaftsgebäuden aus dem 17. und 18. Jahrhundert umgebenen weiten Hof, der gegen den Dorfplatz vor der Pfarrkirche durch einen langgestreckten Bau abgeschlossen ist. Über dem von Pilastern flankierten Rundbogentor der gewölbten Einfahrt sitzt an diesem Bau ein Erker auf profilierter Konsole mit spitzem Giebel. Seitlich über dem Gebälk der Portalarchitektur stehen beiderseits des Erkers gerahmte Wappenfelder, die mit HVM (= Heinrich von Muggenthal) und EVMGVS (= Euphrosina von Muggenthal geb. von Stein) bezeichnet sind. Hier haben sich also die Besitzer der Herrschaft verewigt und damit den Bau als ein Werk vom Beginn des 17. Jahrhunderts dokumentiert.

29 Schloß Haunsheim

Seit dem Hochmittelalter saßen in Haunsheim niedere Adelsgeschlechter. Von 1267 ist der Name „Eberhardus de Hunsseheim" überliefert. Als Besitzer erscheinen ab 1293 die Güsse von Haunsheim und gleichzeitig daneben wohl seit 1358 die Häle von Haunsheim. 1419 lassen Diepold und Georg Häl von Haunsheim, Gebrüder, sich durch König Sigismund bestätigen, daß ihr Vorfahre 1388 von Herzog Ludwig, Markgrafen von Brandenburg, Pfalzgrafen bei Rhein, Feste und Dorf Haunsheim im Landgericht Höchstädt zu Lehen erhalten habe, und daß dieser Lehenbrief 1361 durch Ludwigs Sohn Markgraf Meinhardt bestätigt worden sei. Eine Burg stand demnach in Haunsheim wohl bereits seit dem Ende des 13. Jahrhunderts auf der Höhe am Zwergbachtal.

Die Güsse von Haunsheim starben um 1450 mit Hamann aus. 1442 verkaufte Rudolf Häl Schloß und Dorf und das Ried an den Grafen Johannes von Helfenstein. Von den Grafen Ulrich und Konrad von Helfenstein kam Haunsheim an Ritter Lutz von Zipplingen, der das Gut 1474 seinem Neffen Fritz Schenk von Schenkenstein vererbte. 1481 kam der Besitz an Gabriel von Harbach. Sein gleichnamiger Sohn erhielt am 24. September 1508 von Kaiser Maximilian I. für sich und seine männlichen Erben die Befugnis, für den ganzen Bezirk seiner freien Herrschaft Haunsheim ein Hoch- und Halsgericht, Stock und Galgen aufzurichten und den Bann über das Blut zu richten, zudem auch ein ordentliches Niedergericht zu unterhalten.

Da Haunsheim im Landgericht Höchstädt neben Altenberg der einzige Ort mit einem eigenen Hochgericht war, wollten die Herzöge von Pfalz-Neuburg dies Recht nicht anerkennen und ließen den Galgen umlegen. Eine Einigung kam erst mit den Erben zustande. Haunsheim gehörte im Verband der Reichsritterschaft zum Kanton Kocher, seine Besitzer genossen daher gleich den Landesherrn das Recht, die Religion ihrer Untertanen zu bestimmen. Haunsheim blieb also katholisch, sowohl unter der Herrschaft des Herrn von Wellwart ab 1545, als auch unter den Herren von Horkheim ab 1555. Gegen den Einspruch der Neuburger Herzöge betrieb Wolf Kaspar von Horkheim Verkaufsverhandlungen. Zuerst bot er 1596 die Herrschaft Haunsheim dem Wolf Uz von Knöringen zu Emersacker an, dann 1600 der Stadt Ulm. Am 25. Mai 1600 besichtigte Zacharias Geizkofler von Reiffeneck, Reichspfennigmeister, mit Herrn Albrecht Fabri von Dillingen als Vertreter des Besitzers das Schloß. Gefordert wurden 100 000 fl., geboten 85 000 fl., gezahlt 90 000 fl. Der Verkauf kam gegen den Protest Herzog Philipp Ludwigs, der auf seinem Genehmigungsrecht als Landesherr bestand, zustande. Die Tatsache, daß nun unter einem protestantischen Herrn die Reformation auch hier durchgeführt wurde, dürfte den Landesherrn bewogen haben, seinen Einspruch nicht weiter aufrechtzuerhalten. 1603 wurde die Reformation in Haunsheim durchgeführt, und so blieb der Ort endlich eine protestantische Enklave im rekatholisierten Herzogtum Neuburg im 17. Jahrhundert bis zur Gegenwart.

Unter dem herrschaftlichen Vogt Neidlinger wurde mit dem Neubau des Schlosses begonnen, nachdem seit 1601 die alte Burg abgebrochen war.

88 Schloß Haunsheim, nach einem Aquarell von Joseph Schweiger 1818.

Die Bauleitung, wohl auch die Planfertigung hatte der Deutschordensbaumeister Baltasar Reißner, Werkmeister in Kapfenburg. Es entstand an der Stelle der alten Burg eine Vierflügelanlage, möglicherweise nach dem Modell des eben vollendeten Herzogschlosses in Höchstädt. Allerdings wurde hier kein vergleichbar einheitlicher Baukörper geschaffen; die vier Flügel hatten, wie auf alten Darstellungen zu erkennen ist, ungleiche Höhen, Giebel und Dächer. Die Handwerker kamen aus Augsburg, Dillingen und Höchstädt, ein Altarblatt für die Schloßkapelle schuf der Hofmaler Kaiser Rudolfs II. Joseph Heinz. Gilg Vältin errichtete 1603 den noch erhaltenen Torbau mit oktogonalen, von welschen Hauben bedeckten Türmen.

1667 folgten als Besitzer der Herrschaft Haunsheim die Freiherrn von Racknitz, von denen sie 1806 an Bayern kam. 1823 erwarben die Freiherrn von Süßkind das Gut, 1849 die Freiherrn von Holz und 1864 der

Fabrikant Franz Carl Hauch, der 1876 in den Freiherrnstand erhoben wurde, dessen Nachkommen das Schloß noch besitzen. In der zweiten Hälfte des 19. Jahrhunderts wurden Teile des Schlosses — der Süd- und Westflügel — abgebrochen und die verbliebenen Teile neugotisch mit Erkern und Zinnen dekoriert.

Der Besucher kommt auf einer Straße am Terrassenrand, deren letzter Teil zwischen hohen Gartenmauern verläuft, zum ersten Tor. Gräben, die im Steilhang verlaufend früher wohl den Zugang erschwerten, sind längst eingefüllt. Nach Durchschreiten des Tores betritt man einen Torzwinger zwischen einem Stadel (vormals Schloßkapelle) und einer Mauer

89 Kamin in der Halle von Schloß Haunsheim, Bildhauerarbeit von Christoph Murmann 1605.

90 Wohnzimmer im Schloß Haunsheim mit Vertäfelung und Mobiliar von 1894.

und gelangt dann durch den eigentlichen, von zwei Türmen flankierten Torbau in einen weiten, von Wirtschaftsgebäuden und einem Gartensaal auf der Ostseite flankierten Hof, der nach Westen in einen Landschaftspark übergeht. Von der ursprünglichen Ummauerung des Schlosses verblieb nur eine Brüstungsmauer am Hang zwischen kreisförmigen Bastionen und ein mit neugotischen Maschikulis und Zinnen ausgestatteter, eingeschossiger Rundturm mit den Wappen Geizkofler-Rehlingen 1602 und Hauch 1864.

Von der ursprünglichen Vierflügelanlage verblieben nur zwei Flügel, der dreigeschossige nördliche und der viergeschossige östliche, beide mit Satteldächern und neugotischen Treppengiebeln. Mehrere Erker am Südgiebel und an der Südostecke in neugotischen Zierformen beleben die Hauptfront, zwei weitere Eckerker am Nordflügel sind wie der hofseitige mit Spitzhelmen bedeckt, ferner dienen am Nordflügel, in der Mitte der Nordseite und am Hof, Konsolerker mit Maßwerkfenstern dem Schmuck der Fassaden.

Die Erdgeschoßräume sind teils gewölbt, teils (im Nordflügel) mit Holzbalkendecken überspannt. Von der großen Halle im Ostbau, deren Gewölbe auf zwei toskanischen Säulen ruht, steigt die zweiläufige Treppe zum Obergeschoß auf. Neben dem Treppenantritt an der Wand befindet sich ein reich skulptierter Kamin, den wohl 1605 Christoph Murmann schuf.

Der „Blaue Saal" im ersten Obergeschoß hat ebenso wie der sogenannte „Rittersaal" darüber eine Holzkassettendecke, zu letzterem führt von der Diele ein Portal in reich verzierter Holzverkleidung. Bemerkenswert ist als Unikum ein großer Wohnraum im ersten Obergeschoß des Nordflügels durch seine komplette neugotische Vertäfelung und Holzdecke, sowie durch die zugehörige stilreine Ausstattung mit Möbeln, die auch die Wanduhr einschließt. Wie die derzeitige Schloßherrin, Baronin Theodora von Hauch mitteilte, erhielt ihr Mann 1895 die Einrichtung zu der 1894 geschaffenen Raumverkleidung von seiner Mutter als Konfirmationsgeschenk. Dieser Raum blieb unverändert erhalten.

30 Residenz Kempten

Teils Kloster, teils Schloß, das war im 17. und 18. Jahrhundert der Typ der Residenzen geistlicher Landesherrn. So auch in Kempten, wo Fürstabt Roman Giel von Gielsberg seit 1651 an Stelle des im Dreißigjährigen Krieg von Schweden und Kaiserlichen zerstörten Klosters der Benediktiner durch Michael Beer zu Beginn und Johann Serro in der Vollendung eine prächtige Residenz und die Stiftskirche St. Lorenz neu errichten ließ. Er schuf damit die erste Klosteranlage des süddeutschen Barock. Die gleichzeitig mit den Prunkräumen der Residenz in München unter Fürstabt Anselm von Reichlin-Meldegg 1728–1747 geschaffenen Prunkräume der Kemptener Residenz begründeten den künstlerischen Ruhm der Stadt, doch soll der Werdegang dieses bedeutenden Bauwerks in den einzelnen Phasen geschildert und seine Gestaltung erläutert werden.
1632 war die mittelalterliche Klosteranlage der 752 gegründeten Benediktinerabtei zerstört worden. Bereits im 10. Jahrhundert hatten die Ungarn das Kloster verwüstet, es wurde hernach am Platze der späteren

Residenz neu erbaut. 1150 kam die Vogtei des Klosters an die Welfen, 1192 an die Staufer. Sitz des Burgvogtes als weltlichem Arm der Geistlichkeit war die Burg, die 1363 von den Bürgern — die sich dadurch von der Zwingherrschaft der Äbte befreiten — erstürmt und zerstört wurde, sie diente hernach als Teil der Stadtbefestigung.
Auf dem verwüsteten Klostergelände, im Westen außerhalb der mittelalterlichen Stadtwehr gelegen, begann man 1632 die Ruinen abzutragen, den Grund zu planieren. Den Gesamtplan zum neuen Kloster- und Residenzbau legte Michael Beer aus Vorarlberg vor, mit dem 1651 ein Vertrag geschlossen wurde; die Bauarbeiten begannen 1651–1653 am Nordwestflügel. Geplant war ein östlich der Lorenzkirche vorgelagerter, viergeschossiger Baukomplex um zwei fast quadratische Höfe mit ebenfalls quadratischen Eckpavillons, 37 Fensterachsen nach Süden, 18 gegen Osten. Die Zweiteilung der Anlage entsprach der doppelten Bestimmung als Kloster und fürstlicher Residenz, östlich der Konvent- oder Kloster-

92 *Residenz Kempten, lavierter Kupferstich um 1810. Archiv Kempten.*

93 Residenz Kempten, Audienzzimmer in der Folge der 1732–1735 geschaffenen Prunkräume.

bau, westlich der Abtei- oder Residenzbau. Die Ecktürme mit oktogonalem Obergeschoß über der Traufe und Hauben mit offenen Laternen sollten dem Bau herrschaftliches Gepräge geben.
Gewisse Unregelmäßigkeiten der Nord- und Südfassade ergaben sich aus dem Wechsel in der Bauleitung, die 1654 nach Michael Beer Johann Serro übernahm. Serros Tätigkeit begann mit der Vermessung des Quertraktes 1656, 1660/61 folgten die Trakte um den östlichen Hof mit den Ecktürmen; endlich wurde durch Errichtung des Süd- und Westflügels um den Westhof der ganze Komplex geschlossen und vollendet. Die Ausgestaltung der Innenräume, Wölbung der Gänge und Treppenhäuser, An-

lage der Treppen, geschah von 1664 bis 1666. 1668 konnte der Fürstabt seine Räume beziehen, der Konvent übersiedelte 1674 aus Schloß Schwabelsberg in den Konventbau.
Besondere Bereicherung erfuhren die fürstäbtlichen Zimmer unter Fürstabt Anselm von Reichlin-Meldegg durch die prächtige Dekoration, die

94 Rokokokartusche als Kaminbekrönung und Supraporten im Festsaal der Residenz Kempten, 1740–1742.

Wessobrunner Stukkateure Johann Georg Schütz, Abraham Bader, Anton Rauch und Johann Bader in Zusammenarbeit mit dem kemptischen Hofmaler Franz Georg Hermann und dem gleichzeitig in Kempten wirkenden Johann Martin Zick um 1732–1735 schufen. Die an die Prunkräume anschließenden Gästezimmer im Ostflügel erhielten 1760 unter den Fürstäbten Engelbert von Syrgenstein und Honorius Roth von Schreckenstein eine Stuckierung in zarten Formen des Rokoko, die wohl Johann Georg Üblhör oder Franz Xaver Feichtmayr ausführten.
Den Höhepunkt schwäbisch-bayerischer Raumkunst schufen die Hofkünstler Franz Georg Hermann, Ägid Verhelst und Johann Georg Üblhör in der Gestaltung des Thronsaales um 1740–1742, der zu seiner Zeit auch Spiegel- oder Fürstensaal genannt wurde. Die harmonische architektonische Gliederung des von einer Spiegeltonne überwölbten Raumes, bedingt die sinnvolle Ordnung der Elemente, die in Gestalt eines in Stuckmarmor eingelegten Sockelstreifens, von Pilastern mit korinthisierenden Kapitellen, Nischen, Fenstern und Spiegeln, umrahmt von Stuckfriesen, bekrönt von Kartuschen, mit den die vier Jahreszeiten symbolisierenden Puttenpaaren an den Balustraden und Waffentrophäen sich zum Ensemble glänzender Festlichkeit und Würde vereinigten.
Die Säkularisation brachte auch hier das Ende aller fürstäbtlichen Pracht. Der Bau, zur Darstellung und Glorie des Prälaten geschaffen, diente hinfort nur profanen Zwecken. Von 1803–1945 war der Nordteil Schloßkaserne, der Südflügel Behördenquartier. 1939/40 wurde der Thronsaal, 1953–1956 wurden Abtei und Gästezimmer renoviert, die Instandsetzung der Fassaden durch Erneuerung der Architekturmalerei an Fenstern und Portalen nach erhaltenem Bestand im östlichen Innenhof gab 1958 dem Gesamtkomplex wieder die würdige Erscheinung, die der Bedeutung dieses großartigen schwäbischen Baudenkmals gerecht wird.

31 Schloß Oettingen

Das Grafen- später Fürstenhaus Oettingen zählt zu den ältesten und bedeutendsten schwäbischen Dynastengeschlechtern. Die Grafen von Oettingen stammen nicht, wie ehemals angenommen, von den Riesgaugrafen ab, es handelt sich vielmehr bei ihnen um die Seitenlinie einer größeren edelfreien Sippe. Um 1140 sind die Grafen von Oettingen erstmals genannt, um 1141 erscheint in Urkunden Ludewig de Otingin und vor 1155 Chuno (Konrad), möglicherweise Gebrüder oder Vettern.
Ludwig I. von Oettingen stand in enger Verbindung zum Stauferkönig Konrad III., die namengebende Grafschaft Oettingen war eine Amtsgrafschaft von des Stauferkönigs Konrad Gnaden, der Grafentitel eine königlich-staufische Amtsbezeichnung. Oettingen war nicht der Herkunftsort der Grafen, sondern der gut gewählte Platz zum Hauptsitz des Geschlechts, der nach staufischem Vorbild oder gar mit Unterstützung angelegt wurde, als die Staufer, zu denen wahrscheinlich auch verwandtschaftliche Beziehungen bestanden, das Geschlecht, das sich nach dem gewählten Ansitz nannte, als Amtsgrafen in diesem Raum einsetzte.

96 Neues Schloß in Oettingen, 1679 begonnen, Giebelfront zum Park

Die Burg als Zentrale der sich bildenden Herrschaft — wohl am Platze einer älteren Befestigung — wurde noch in den vierziger Jahren des 12. Jahrhunderts neben dem Dorfe am Südende desselben ausgebaut, ihre Lage an einer alten Straße zur Wörnitzfurt, im Zuge der großen Verbindung Nördlingen–Nürnberg, hatte alle wünschenswerten Vorteile. Am Nord-Westende der Siedlung stand die 1057–1075 geweihte Kirche. Bis zum Ende des 12. Jahrhunderts wurde die Feste auf ihren endgültigen Umfang erweitert, bereits in dieser Phase hatte sie gewisse Bedeutung bei kriegerischen Auseinandersetzungen zwischen Staufern und Welfen. Der vorstädtische Siedlungskern wurde im ersten Viertel des 13. Jahrhunderts durch eine planmäßig im Westen angelegte Neustadt erweitert, endlich rundete die gleichzeitige Stiftung eines Oettingischen Hausklosters in Gestalt der Gründung einer Deutschordens-Niederlassung auf dem

Gelände der Burg den Ausbau Oettingens zum Zentralort der Grafschaft und zum Hauptsitz des Geschlechtes ab.

Mit dem Untergang der Staufer änderte sich die zunächst besserer Möglichkeiten halber notgedrungen nach Franken orientierte Erwerbspolitik der Oettinger. Als neuer Wirkungsbereich eröffnete sich nach der natürlichen Gegebenheit eine Zielrichtung nach Süden in das Ries, damit war die Bildung der „jüngeren" Grafschaft Oettingen eingeleitet, ebenso die Aufnahme echter Grafenfunktionen in der Nachfolge der von den Staufern überkommenen Ordnungsfunktionen in diesem Bereich.

Die Grafschaft Oettingen war, trotz zahlreicher mehr oder weniger langdauernder Teilungen im 14., 15. und 16. Jahrhundert, um 1550 in einer einzigen Hand, in der Ludwigs XV. (gest. 1557) vereinigt. Endgültigen Charakter dagegen hatte die letzte Teilung im 16. Jahrhundert unter Graf Ludwig XVI. († 1569) und seinem jüngeren Bruder Graf Friedrich V. († 1579) im Verhältnis von sieben zu fünf Zwölfteilen.

Während Graf Ludwigs XV. Sohn, Ludwig XVI., die ältere protestantische Hauptlinie Oettingen-Oettingen am Stammsitz des Geschlechts begründete, wurde Graf Friedrich V., der katholisch blieb, Stammvater der jüngeren Hauptlinie Oettingen-Wallerstein. Die Linie Oettingen-Oettingen, die 1674 gefürstet wurde, starb 1731 aus, die Hauptlinie Oettingen-Wallerstein spaltete sich in der dritten Generation um 1600 in drei Linien Oettingen-Spielberg, Oettingen-Wallerstein und Oettingen-Baldern auf. Die Linie Spielberg, gefürstet 1734, mit Sitz in Oettingen und die Linie Wallerstein, gefürstet 1774, mit Sitz in Wallerstein blühen noch.

Im Zusammenhang mit der letzten Teilung und nach einer Brandkatastrophe dürfte an Stelle der wohl schon mehrfach umgestalteten Burg zu Beginn des 16. Jahrhunderts durch Graf Ludwig XV. das „untere" Schloß teilweise neu erbaut worden sein, das allerdings 1851/52 abgebrochen wurde und total verschwunden ist. Ein Modell, das vor dem Abbruch gefertigt wurde, läßt es als Konglomerat mehrerer um einen Hof gruppierter Einzelbauten erkennen. Mittlerweile war aber bereits an anderer Stelle, auf dem Platze des aus der 1. Hälfte des 15. Jahrhunderts stammenden „oberen" Schlosses am 1. Juni 1679 mit dem Bau eines neuen Schlosses der Linie Oettingen-Spielberg begonnen worden, des Schlosses, von dem hier die Rede sein soll.

Baumeister war Matthias Weiß aus Kassel, örtlicher Bauführer der Italiener Carlo Angelino aus Ellingen. Die Ausführung besorgten Maurermeister Georg Wötestein und ab August Leonhard Gött. Weitere Handwerker waren Zimmermeister Sauter, Steinmetzmeister und Bildhauer

Philipp Gundringer und Sebastian Danzinger sowie der Maler Johann Heinrich Schönfeld. Die großartigen Stuckarbeiten schufen in den Jahren 1682/83 nach Beendigung der Bauarbeiten Matthias Schmuzer d. J. und der Goldarbeiter Johann Jakob Müller. 1686 wurde noch das Treppenhaus am Ostgiebel angefügt.

Um das Schloß in seiner Stellung und Funktion im Stadtorganismus recht erfassen und beurteilen zu können, muß man die Stadt vom Königstor her durchschreiten. Dieser echt schwäbische, behäbige Torturm ist der rechte Auftakt für das Erlebnis eines Straßenraumes, der eingefaßt von den Fronten seiner Giebelhäuser, mit dem herrlichen Fachwerkbau des Rathauses im Zentrum, in vortrefflicher Weise das Fluidum der Biedermeierwelt bewahrt hat, an dessen anderem Ende dann das stattliche Schloß als Riegel steht, ein Edelmann vor dem Forum der braven Bürgerschaft. Doch die Straße führt weiter, durch das Schloß hindurch geht der Verkehr ungehemmt nach Norden.

97 Schloß Oettingen, Brunnen im Schloßhof von dem Bildhauer Johann Joseph Meyer aus Tirol 1719–1723.

Das Schloß als solches ist ein dreigeschossiger Rechteckbau von 11:5 Fensterachsen mit einem Satteldach. Am Ostgiebel steht turmartig das Treppenhaus, am Nordausgang des Straßentunnels das Torhaus. Östlich am Schloß liegt der Schloßhof, der vom sogen. „Langen Bau" (Südflügel) und „Marstallbau" (Ostflügel) von Wagenremisen und Wirtschaftsgebäuden umrahmt ist. Die Hofmitte ist durch einen prächtigen Brunnen mit profilierter Schale und der reich mit Putten und Wolkenballen verzierten Mariensäule markiert, ein Werk des Bildhauers Johann Joseph Meyer aus Tirol gebürtig (1719–1723).
Das Hauptgebäude mit Keller, gewölbtem Erdgeschoß und zwei Obergeschossen ist von der Stadt her durch ein von Säulen flankiertes mit durchbrochenem Segmentgiebel überspanntes Rundbogenportal zugänglich, ein ähnliches Portal am Treppenhaus im Schloßhof. Der Zugang an der Westseite entstand im 19. Jahrhundert.
Der Bau erhält seinen besonderen Reiz durch die reich mit Stukkaturen dekorierten Räume, allen voran der große Festsaal im zweiten Obergeschoß. Große Rechteckfenster in tiefen Nischen, fünf an der Langseite, je vier an den Schmalseiten vermitteln strahlende Helligkeit, die die Reliefwirkung des vollplastischen, figürlichen und ornamentalen Wand- und Deckenstucks betont und zur Geltung bringt. Während die Fensterwände durch kannelierte Pilaster, Flachgiebel mit Büsten und gerahmten Blendfeldern zwischen girlandentragenden Putten gegliedert sind, stehen an der Ostwand ein großes mittleres und zwei seitliche Portale in strenger Pilastergliederung zwischen ovalen Wandfeldern und Hermen in Akanthuskränzen. Ähnliche Motive schmücken auch die Fensterlaibungen. An der Decke sind Ölbilder auf Leinwand in geometrischen Formen, mit Ausnahme der ovalen Felder, von breiten Stuckornamenten umschlossen. Die Bilder mit Darstellungen von Jagd- und mythologischen Szenen sind von unbekannter Hand, unbewiesen ist die Autorschaft von Johann Murrer oder Johann Heinrich Schönfeld.
Neben dem Festsaal sind als weitere Prunkräume, die mit kostbarem Mobiliar, mit Kaminen und Öfen ausgestattet sind, noch der Grüne Salon mit Apollo auf dem Parnass als Deckenbild, der Goldene Salon oder Theatersaal mit einem Bühnenprospekt, der an Bogen und Flächen mit Profilen, Dekorationselementen in zartem Relief und kräftiger Plastik übersponnen ist, mit allegorischer Darstellung des Kampfes als Deckenbild und den drei theologischen Tugenden Fides, Spes, Caritas und Justitia in Eckmedaillons. Da ist ferner der Weiße Salon mit Familienporträts in wilden Akanthusranken aus Stuck an den Wänden.

98 Stuckbüsten und -ornamente der Giebelzone im Festsaal des Oettinger Schlosses, 1682/83 von Matthias Schmuzer d. J.

Nicht zuletzt ist das große Treppenhaus mit drei Treppenläufen mit Balustergeländer zu jeweiligen Geschoßpodesten zu erwähnen, die um einen, in vier Eckpfeilern eingespannten mittleren Freiraum geführt sind, das somit dem feierlichen Empfang festlich gestimmter Gäste den würdigen Rahmen gibt. Die zweiläufige Treppe in der Mitte der Nordhälfte, die sogen. „Weiße Treppe", stammt aus dem 19. Jahrhundert. Ursprünglich gab es hier keine Verbindung der Geschosse.
In seiner Einheitlichkeit von Architektur und Dekor ist das Schloß in Oettingen ein schwäbisches Baudenkmal von eigenem Reiz, das durch die gegenwärtige Renovierung die Harmonie zurückgewinnt, an der Besitzer und Besucher ihre Freude haben.

Tafel 6 Schloß Leitheim an der Donau.

32 Schloß Leitheim

Die Geschichte von Schloß Leitheim ist eng mit der des bedeutenden Zisterzienserklosters Kaisheim verbunden, das Heinrich II. Graf von Lechsgemünd-Graisbach 1134 gegründet hatte. Es war die erste Niederlassung des Zisterzienserordens in der Diözese Augsburg. Zur Ausstattung dieses Klosters gab der Gründer unter anderen sein Hofgut „Litum" oder Leiten, ein Weingut. 1155 ist es erstmals genannt, 1184 wird hier ein Kirchlein bezeugt. Die Mönche kultivierten den Weinbau, ihre Weinberge wurden Hauptort des Weinbaus im westlichen Donautal.
Die Bautätigkeit am Ort begann mit der Ummauerung des Areals und der Errichtung eines Weingärtnerhauses im Jahre 1542 unter Abt Johannes Sauer. Als nach dem Ende des Dreißigjährigen Krieges allerorten Bauwerke erneuert und neue geplant wurden, setzte Abt Elias Götz, der von 1681–1696 regierte und auch die Klosterkirche Kaisheim barockisierte, neben das Weingärtnerhaus ein Schlößchen.
Als Folge des schrecklichen Kriegsgeschehens, als Reaktion auf die Tage des Grauens, die gerade im kulturellen Bereich einen tiefen Einschnitt

gebracht hatten, entfaltete sich nun ein mehr der Lebenslust zugewandtes Wesen. Kloster Kaisheim war gewiß nicht mehr der „carcer ordinis“, der es im Mittelalter gewesen war, und der Fürstabt des 17. Jahrhunderts hatte in der Gesellschaft eine andere Stellung als sein Vorgänger in der Gründerzeit. Es kann daher nicht Wunder nehmen, daß die fürstäbtliche Sommerresidenz, in landschaftlich hervorragender Lage angelegt, sich der äußeren Erscheinung nach nicht viel von den verwandten Bauschöpfungen weltlicher Würdenträger unterschied.
Der Schloßbau in Würfelform war eine Erfindung der Baumeister bereits im 16. Jahrhundert, Ecktürme gaben ihm in dieser Frühzeit ein herrschaftliches Gepräge, wie z. B. die Schlösser in Harthausen, Hirschbrunn, Göggingen u. a. Im frühen Barock erschien dieser Schloßtyp als einfacher kubischer Block, durch Fenstereinreihung und Lisenen gegliedert, so auch in Leiten oder wie es nun heißt Leitheim. Auf quadratischem Grundriß errichtete man zunächst einen zweigeschossigen Bau unter einem Zeltdach mit einem Gesims als Geschoßtrennung.
Daß hier ein geistlicher Fürst residierte, wird durch die mit dem Schloß unmittelbar verbundene Kirche deutlich, deren architektonisches Gewicht im Rahmen der Gesamtanlage auch den geistigen Standort des Initiators im christlich-kirchlichen Bereich markierte. Die strukturelle Zusammengehörigkeit von Schloß und Kirche im Urzustand war durch die gleiche Höhe der Traufgesimse an beiden Baukörpern offenbar gemacht, auch die Flächengliederung durch Eckpilaster gab beiden Baukörpern ein entsprechendes Gleichgewicht.
Zum Lustschloß im eigentlichen Sinne wurde Leitheim verwandelt, als sich Abt Cölestin I. Meermoos, um wachsenden Ansprüchen an festlichem Geschehen in einer Atmosphäre fröhlichen Daseinsbewußtseins, wie es im Rokoko die Geister belebte, zu genügen, entschloß, ein drittes Geschoß mit einem fast die Hälfte der Grundrißfläche einnehmenden Saal aufzustocken. Pläne zu diesem Umbau von dem Vorarlberger Meister Wölfle sind erhalten, nur stilistische Kennzeichen lassen den Zeitpunkt der Umgestaltung bestimmen, er ist um 1745 anzusetzen, da die Fresken 1751 datiert sind.
Geändert wurde nun die Gliederung der Fassaden durch Lisenen, die in der Attikazone wie bei der Kirche angeordneten Ovalfenster wurden vermauert, das Horizontalgesims abgeschlagen. Erhalten blieb der Horizontalfries zwischen Erd- und erstem Obergeschoß. Anstelle des fraglos ursprünglichen Zeltdaches trat nun das modische Mansarddach mit dem bekrönten Kamintürmchen.

100 Schloß, Schloßkirche und Wirtschaftsgebäude in Leitheim.

Die sorgfältig bei der letzten Renovierung auf Grund von Befunden wiederhergestellte Farbigkeit der Fassaden erbrachte eine unterschiedliche Tönung der Außen- und Innenflächen der Gliederung. Es ist zu vermuten, daß dabei nicht nur dekorative Absichten maßgebend waren, sondern daß möglicherweise die Herausstellung der Eckfelder als symbolische Andeutung von Ecktürmen zu werten ist und damit auf diese vormals als Wahrzeichen feudaler Rechte gedeuteten Bauelemente angespielt wurde.
Von gleicher Harmonie, wie die in feinen Proportionen gestalteten Fassaden, ist auch die Grundrißbildung beider Baukörper. Die Kirche als Saal-

101 Festsaal im Schloß Leitheim mit Chinoiserien an den Fensterpfeilern und einem Deckenbild von Gottfried Bernhard Götz 1751.

bau mit eingezogenem, halbrund geschlossenem Chor, den Nebenräume flankieren, hat durch deren Einbeziehung in der Außenflucht die gleiche Länge wie eine Schloßwand. Ein dreijochiger Arkadengang verbindet beide Baukörper, er gestattet den Schloßbewohnern im Obergeschoß den geschützten Übergang zur breiten Empore der Kirche. Das Schloß teilt in beiden unteren Geschossen ein gewölbter Mittelgang, an welchem seitlich in der Mitte die zweiläufige Treppe angeordnet ist. Von diesem System abweichend erweist sich auch insofern das zweite Obergeschoß als spätere Zutat. Festliche Stimmung erweckt der Saal, abgesehen von seiner Dekoration, durch die Harmonie seiner Verhältnisse.
Was dem Saal und den anderen Räumen des zweiten Obergeschosses jedoch besonderen Reiz und wahre Eleganz verleiht, sind die Wand- und

Deckenfresken von Gottfried Bernhard Göz, einmalige Meisterwerke, die symbolische und mythologische Stoffe in einem außergewöhnlichen Reichtum des Einfalls als Chinoiserien, im Rahmen der klassischen Götterwelt oder im Gewande eines zeitgenössisch bürgerlichen Milieus vorführen. Doch nicht nur an den gewählten Themen und ihrer gefälligen Beschreibung findet der Betrachter sein Entzücken, sondern ebenso an der eleganten Malweise und an der ansprechenden Farbgebung.

Im Deckenbild des Saales hat sich der Bauherr im Brustbild darstellen lassen, ihm zur Seite steht der Künstler selbst vor dem Teufel im Glas, ein kleiner Hinweis auf die Kaisheimer Sage. Sechs Chinoiserien jeweils zwischen den Fenstern zeigen Genreszenen, vier davon an der Längswand veranschaulichen die vier Elemente. Zwischen den drei Portalen gegenüber, wie alle Türen des zweiten und dritten Obergeschosses mit Intarsien in den Füllungen, je ein Kamin. Über den Türen die Wappen des Abtes Cölestin Meermoos, des Klosters und des Konvents. Die Dekkenbilder der anderen Räume zeigen: Im Treppenhaus: Der Tag vertreibt die Nacht; im westlichen Salon: die vier Jahreszeiten; im östlichen: Die Lebensalter, und im nordwestlichen: Die Nacht vertreibt den Tag. In diesen Räumen, die mit prächtigen Keramiköfen ausgestattet sind, ist im Rundgang eine kleine Kunstsammlung des Hausherrn untergebracht.

Die 1971 abgeschlossene Restaurierung der Fassaden, die Baron von Tucher als gegenwärtiger Besitzer des Schlosses unter großen Opfern und mit zäher Energie durchgeführt hat, gab dem Schloß, das sowohl von Osten wie von Westen hoch am Hang sichtbar wird, durch die originalgetreue Farbgebung den elementaren Charme und malerischen Reiz zurück. Der Bau, durch die Außenarchitektur und die vollendete Raumkunst ein Kunstwerk an sich, gewinnt im Kulturleben der Gegenwart gesteigerte Bedeutung durch die vom Schloßherrn hier im Festsaal veranstalteten Konzerte.

33 Hohenaltheim

Das reizende Rokokoschlößchen im Tale, am Rande des Dorfes Hohenaltheim, läßt nicht erahnen, welch hochpolitische Ereignisse vor langer Zeit die erste Erwähnung des Ortsnamens (916) in einer Urkunde veranlaßte. Eher ist die kreisförmige Steinsetzung unter der Linde auf dem Hügel bei der Kirche ein Hinweis auf eine Versammlung, die hier zu wichtigen Beschlüssen tagte.
König Konrad I. (911–918), der bemüht war, gegenüber den Stammesherzögen seine Autorität zu festigen, hatte in Schwaben Erchanger und seinen Bruder Berthold, die sich gegen ihn empört hatten, gezwungen, sich ihm zu ergeben. Auf der 916 nach Hohenaltheim einberufenen Synode verurteilten die Bischöfe die Widersacher des Königs, er selbst übte auch keine Gnade und ließ die Beklagten enthaupten. Dergestalt trat das bescheidene Dorf in das Licht der großen Geschichte.

103 Schloß und Park Hohenaltheim, nach einem Ölgemälde des 18. Jahrhunderts aus der Sammlung Harburg.

Zunächst aber fiel es in die Anonymität zurück, bis im 13. Jahrhundert ein Edelgeschlecht gleichen Namens bezeugt wurde, das seit 1238 hier in einer kleinen Wasserburg hauste. Bis 1508 hatten die Ritter von Altheim hier die Herrschaft inne, in diesem Zeitraum wurde die alte Burg in ein kleines Wasserschloß verwandelt, das Graf Wolfgang I. von Oettingen 1508 erwarb. 1579–1683 war das Schloß als oettingisches Lehen ausgegeben, erst 1683 fiel es an die Linie Oettingen-Oettingen zurück, 1731 kam es an die Linie Oettingen-Wallerstein, bei der es sich bis zur Gegenwart befindet.

Der Bau des bestehenden Schlosses wurde nach dem Abbruch des alten am 11. März 1710 unter Fürst Albrecht Ernst II. begonnen, der weitere Ausbau der Anlage erfolgte 1725/26. Eine ganze Reihe von Bauleuten sind mit ihren Forderungen in Rechnungsbüchern verzeichnet, unter diesen aber fehlt der Name des Baumeisters und Planfertigers. Bis 1712 stand Baurat Ingenieur Wilhelm Heinrich Behringer dem fürstlichen

Bauwesen vor. Andererseits könnte der Entwurf auch von Johann Christian Lüttich, einem Schüler Maximilians von Welsch stammen, der von 1712–1730 das Bauwesen im Fürstentum Oettingen betreute und auch im Zusammenhang mit dem Schlößchen Schrattenhofen tätig war, von dem noch die Rede sein wird.
Möglich ist immerhin auch, daß Lüttichs Lehrer Maximilian von Welsch, der beim Fürstbischof Lothar Franz von Schönborn im Dienste stand, der das herrliche Treppenhaus im Schloß Weißenstein bei Pommersfelden schuf, selbst einen Entwurf für Hohenaltheim lieferte oder einen solchen zumindest beriet, da bei den Beziehungen der Höfe untereinander

104 *Park und Gartenfront von Schloß Hohenaltheim.*

ein lebhafter Austausch der Künstler gegeben war. Insofern liegt die Beteiligung Lüttichs an der Planfertigung auch im Bereich der Möglichkeiten.

Wer auch immer der Architekt war, er war ein Baukünstler von Format, ein Mann mit Talent und Geschmack, der seine Aufgabe in vortrefflicher Weise löste und somit ein Rokokokleinod schuf, wie es sonst selten zu finden ist.

Das Hauptgebäude, das ehemals auch von einem Wassergraben umgeben war, den man jedoch der Feuchtigkeitsschäden halber einfüllte, umschließt mit zwei seitlichen Kavaliershäusern und dem gegenüber liegenden Verwaltungsbau einen kleinen Ehrenhof. Gegen Norden liegt der Schloßpark mit dem sog. Laboratorium, einem Gartenpavillon, als Gegenpol in der Achse des Schlosses. Seitlich gegen Osten steht im Park die kleine Schloßkapelle. Die Fassade des Hauptgebäudes gegen den Hof, zweigeschossig zu elf Fensterachsen, ist von zwei flachen Risaliten mit geschweiften Giebeln eingefaßt, die Mittelachse ist durch das Portal, darüber sitzendem flachen Balkon und ein Zwerchhaus betont. Die Front zum Garten wirkt durch das breite, turmartige Risalit im Zentrum wuchtiger. An den eingeschossigen Kavaliershäusern und dem Verwaltungsbau befinden sich mittlere Zwerchhäuser mit geschweiften Giebeln, die denen der Frontrisalite ähneln. Alle Häuser haben Walmdächer, das Laboratorium ein Mansardendach.

Ist nun bereits die Architektur und die äußere Anlage ansprechend und harmonisch, so erlebt der Besucher in den räumlich bescheidenen Salons im Inneren erst recht den Charme echter Rokokoraumkunst. Mit großer Wahrscheinlichkeit waren Leonhard Wechs, Johann Bühler und Conrad Lehner die geschickten Stukkateure, die an Wänden und Decken Muschelwerkkartuschen, Gitterwerk, schäumende Rocailleornamente, aber auch figürliche Reliefs schufen, wie Jagdszenen im oberen Saal. Eine besondere Eigenart der Wanddekoration sind hingegen gemalte Kachelplättchen aus der ehemaligen fürstlich oettingischen Fayencemanufaktur Schrattenhofen.

Fürst Albrecht Ernst II., der Erbauer des Schlosses, war wie seine adligen Zeitgenossen ein prachtliebender Herr, der von großem Tatendrang beseelt war. Ein Erfolg seiner Initiative war die Anlage eines Tiergartens und eines Lusthauses bei dem Dörflein Schrattenhofen. Wilhelm Heinrich Behringer war hier der Baumeister, an dessen Stelle trat 1712 der vorerwähnte Johann Christian Lüttich, dem die Aufgabe zufiel, ein von Maximilian von Welsch entworfenes Belvedere als Abschlußkulisse des

Parkes auszuführen. Dem Schlößchen Schrattenhofen war kein langes Leben beschieden, Albrecht Ernsts Nachfolger, seit 1731 Graf Joseph Anton Carl von Oettingen-Wallerstein († 1738), ein wirtschaftlicher denkender Herr als sein Vorgänger, ließ im Schloß eine Fayencemanufaktur einrichten, die jedoch fallierte. Neben anderen Erzeugnissen wurden aber dort eben die Plättchen in Delfter Manier hergestellt, die zur Dekoration von Hohenaltheim verwendet wurden. Sie sind somit neben einer Reihe von Walzenkrügen das einzige Überbleibsel des ganzen Unternehmens, denn um 1750 ff. wurden in Schrattenhofen alle Bauten abgebrochen, von der ganzen Pracht blieb keine Spur.

105 Salon mit Schrattenhofer Plättchen an den Wänden im Schloß Hohenaltheim.

Doch zurück nach Hohenaltheim, hier gab die erwähnte Wanddekoration den Rahmen ab für eine gediegene Ausstattung mit Möbeln aus der Zeit und aus dem beginnenden 19. Jahrhundert. Ein Schreibschrank vom Ende des 18. und eine Standuhr um 1760 verdienen besonders genannt zu werden, gute Gemälde und Portraits vervollständigen das Ensemble, in das sich die neuen Rokokoöfen harmonisch einfügen.
Die 1749 erbaute Schloßkapelle im Park ist ein einschiffiger Bau mit flacher Stuckdecke des Saales und einem eingezogenen Schluß im Osten. Der gepflegte Park, im vorderen Teil gestaltet mit Buchshecken, mündet in einen Landschaftsgarten. Der Gesamtkomplex vermittelt eine gute Vorstellung von adliger Wohnkultur des 18. Jahrhunderts und fröhlichem Landleben in harmonischer Umgebung.

34 Schloß Harthausen

Nicht von Anbeginn stand das prächtige Schloß in seiner einheitlichen Rokokodekoration als Baukörper aus einem Guß da, vielmehr ist dieser Zustand das Endglied einer Kette von Verwandlungen, deren Anfang ein wesentlich bescheidenerer Bau bildete, dem ein zweiter hinzugesellt wurde. Die völlige Verschmelzung von zwei zu verschiedenen Zeiten errichteten, ähnlichen aber doch in Einzelheiten verschiedenen Bauten zu einer völligen Neuerscheinung, wie in Harthausen geschehen, ist eine ungewöhnliche Bauentwicklung.
Wie gesagt, ging die Verwandlung von einem in dem 1420 erstmals urkundlich genannten Dorfe oder Weiler Harthausen befindlichen Schloßbau aus, der in der Mitte des 15. Jahrhunderts entstanden sein mag. Er wird 1565 als „alte Herrschaftsbehausung" beschrieben, „mit vier Stuben sampt andern Lustigen und gemachsamen gemachen, alls Kamern, Ke-

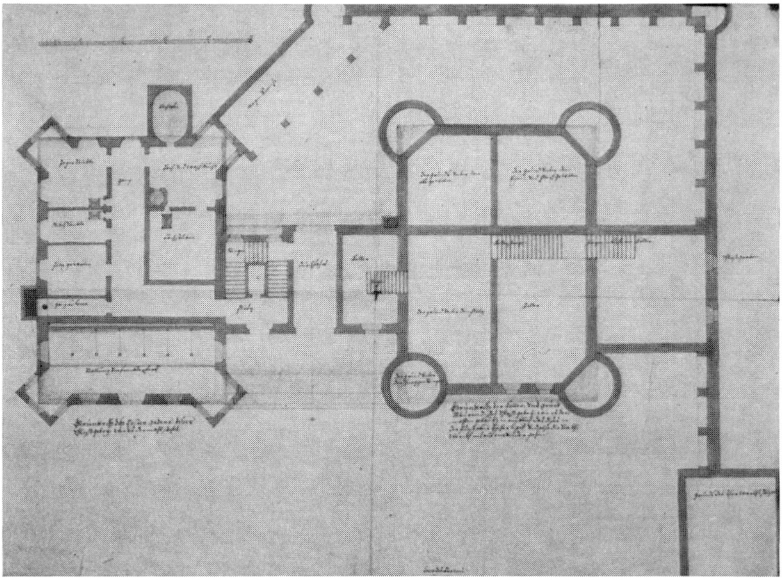

107 Schloß Harthausen. Aufmaßplan des Doppelschlosses von Baumeister Kleinhans vor dem Umbau 1760. Archiv Harthausen.

lern und Ställen, darin je allwegen ainer vom Adel gehauset und noch mit allen weiten und gutem Rom darinn haußen mag".
Als Herren vom Adel, die in Harthausen begütert waren oder dort Eigentum an Land und Gebäuden erwarben, sind schwäbische Geschlechter wie die Westerstetten, Mussinger, die Schwendi von Wolfartschwendi zu Klingenstein, die Zant zu Zant (1554) und die Paumgarten von und zu Paumgarten (1560) zu nennen. Weiter erscheinen in Urkunden der kaiserliche Diener Hanns Mayer (1533), Conratt Herbst, Bürger zu Augsburg (1550) und endlich, ausdrücklich als Schloßbesitzer bezeichnet, Heinrich Truchsess von Höfflingen zu Harthausen (1563). Der letztere mußte beträchtlicher Schulden halber das Schloß verkaufen, um seine Gläubiger zu befriedigen. 1567 gingen das Schloß und der Flecken Harthausen durch Vertrag vom 24. April des Jahres in den Besitz von Eglof von Riedheim über, es blieb bis zum heutigen Tage im Besitz der Freiherrn von Riedheim.

Die Herren von Rietheim sind ein altes Rittergeschlecht, das aus dem westlichen Teil des Herzogtums Schwaben stammte und seit dem Ende des 13. Jahrhunderts im Raum Günzburg ansässig war. Erstmals erscheint ein Friedrich von Rietheim 1080 als Teilnehmer am Turnier zu Augsburg, das aus Anlaß der Belehnung Friedrichs von Staufen mit dem Herzogtum Schwaben veranstaltet wurde. Weitere Vertreter des Geschlechtes, die in Urkunden genannt sind, waren Siegebot und Walther 1092–1094 auf der Burg Rietheim bei Villingen, Razo de R. 1116 als Zeuge, Gerung, Ernst und Adalbert als Wohltäter des Klosters Zwiefalten 1228 und Trautwein von R., der der Kirche von Bebenhausen ein Jahrgeld aussetzte. Als Wappensymbol führen die Rietheim den Wild- oder Steinesel im Wappen, ursprünglich schreitend mit zwei Türmen auf dem Rücken, später steigend ohne Türme.
Im Laufe des 14. und 15. Jahrhunderts findet man die Ritter von Rietheim als Teilnehmer an Turnieren, als Gefolgsleute in Kriegs- und Zivildiensten zahlreicher Herren und bei verschiedenen Pfandgeschäften. Sie dienten den Grafen von Württemberg, der Stadt Ulm, den Habsburgern, den Herzögen von Bayern und den Grafen von Oettingen, sie waren Pfleger und Vögte der Bischöfe von Augsburg und Eichstätt, der Prälaten von Kempten, Söldner des Kirchenstaates und der Städte Florenz und Perugia.
Eglofs von R. Sohn Ferdinand bewohnte als erster mit seiner Gattin Anna Schenk von Stauffenberg und sechs Kindern das von seinem Vater erworbene Doppelschloß. Die „alte Herrschaftsbehausung" war ein schlichter Rechteckbau mit übereckstehenden Bodenerkern an den vier Ecken. Das Satteldach stand wohl zwischen Staffelgiebeln, Zelthauben bedeckten die Bodenerker. An Räumlichkeiten weisen spätere Pläne den Stall, das Flachsgewölbe, Milchstüble, Jägerstüble, Back- und Waschküche im Erdgeschoß und in den Obergeschossen Kapellenzimmer und Hauskapelle, Bedientenzimmer, Wohn- und Schlafzimmer, Schreibzimmer des gnädigen Herrn, Kammerjungfrauenzimmer und die Garderobe aus. Wahrscheinlich stand ein Wendeltreppenturm an der Breitseite zum Hof. Wie Beschreibungen und Pläne ergeben, stand das Schloß in einem weiten Hof, den eine Ringmauer mit Rundtürmen an den Ecken umschloß. Im Zuge der Ringmauer stand das Torhaus, von dem eine Zugbrücke den Zugang über den Schloßgraben herstellte. Landwirtschaftliche Gebäude im Hof und außerhalb vervollständigten das Bauprogramm.
Der zweite Schloßbau, der um 1560 errichtet wurde, entweder das alte Schloß ersetzen oder ergänzen und erweitern sollte, war vermutlich die

108 Schloß Harthausen, erste Bauphase „die alte Herrschaftsbehausung" um 1450. Rekonstruktion des Verfassers.

Ursache der Illiquidität des Heinrich Truchsess von Höfflingen. Es war nach einer zeitgenössischen Beschreibung ein Bau mit vier runden Ecktürmen zu drei Geschossen mit fünf Stuben, gewölbten Kammern, Sälen, Lauben und Kornkästen. Beide Schlösser verband ein gedeckter Gang. In Hof und Garten standen dabei das Pfisterhaus, Badstüblein und Backküche, Getreide- und Kornstadel, Viehstall und eine zweifässige Kornbrenne. Weiter ein Heustadel, ein Roß- und ein Viehstall und zwei Schweineställe.

Zum Schloß gehörte ferner ein Garten als Baumgarten und Grasgarten an der Ringmauer des älteren Baus, der teils mit einer Mauer, teils mit Wassergraben und dem unteren Weiher umgeben war. Im Süden des Schlosses lagen drei Fischweiher, die mit Karpfen, Hechten, Rot- und Weißorfen besetzt waren. Die Weiher, die, wie ein Plan zeigt, in einer Flucht lagen und sich konisch in gärtnerischer Umrahmung erweiterten, wurden am oberen und unteren Ende von Pavillons begrenzt.

Der Gang, der beide Schlösser verband, wurde wohl zu Beginn des 17. Jahrhunderts nach Abbruch des Wendeltreppenturmes zu einem Treppenhaus mit dreiläufiger Treppe, einer Durchfahrt im Erdgeschoß und Nebenräumen in den Obergeschossen ausgebaut. Im rückwärtigen Hof errichtete man an der Ringmauer eine Wagenremise.
Als man im 18. Jahrhundert in Anbetracht der gewandelten Verhältnisse auf die Wehrhaftigkeit der Anlage verzichten konnte, als es Mode wurde, dem adligen Wohnsitz nach dem Vorbild der Landesherrn ein repräsentatives Äußeres und eine liebliche, gärtnerisch gestaltete Umgebung zu geben, plante man auch in Harthausen Veränderungen. Die Lösung fand der geniale Hofbaumeister Maurizio Pedetti von Eichstätt, der zu dem Bauherrn Johann Alexander von Rietheim in freundschaftlicher Beziehung stand. Sein Entwurf, nach dem der bestehende Zustand geschaffen wurde, sah den Ausbau des Zwischengliedes zwischen den Baukörpern zum dominierenden Fassadenzentrum und die Angleichung der als Flügel erscheinenden Giebel durch geänderte Fassadenaufteilung und übereinstimmende Dekoration vor. Diesem Plan kam der Umstand entgegen,

109 Schloß Harthausen vom Sommerkeller aus.

110 *Schloß Harthausen, Wohnraum und Salon im zweiten Obergeschoß.*

daß die beiden Altbauten parallel und nur um ein geringes Maß verschoben in einer Flucht standen. Die Planung wurde 1759/60 vorgenommen, gleichzeitig bereits der Schloßbau durch Bereitstellung notwendiger Materialien vorbereitet. Die Bauausführung lag in den Händen von Baumeister Franz Kleinhans aus Unterpinswang bei Füssen.

1762 begann man mit den Bauarbeiten, nachdem Kleinhans 1761 den Bau besichtigt, ein Modell in allen Einzelheiten gefertigt und bereits 1760 eine Liste benötigten Materials aufgestellt hatte. Besondere Überlegungen galten der Vereinheitlichung der Eckerker bzw. -türme an der Fassade, da am alten Schloß rechteckige Erker, am neuen aber Eckrundtürme standen. Einem Vorschlag Kleinhans' zufolge wurden statt der am Modell geplanten Rundtürme einheitlich Rechteckerker ausgeführt.

Die Erneuerung des Schlosses blieb jedoch keineswegs auf die Umgestaltung des Baukörpers beschränkt. So wie im Äußeren erfuhren auch die Innenräume eine moderne Dekoration. Überdies aber erstreckte sich die Verschönerung auch auf die nähere und weitere Umgebung des Schlosses. Ringmauer und Gräben verschwanden, dafür entstand am rückwärtigen Schloßhof ein Stall- und Remisengebäude mit geschweift ausgebuchteter Front, das mit dem Schloß einen kleinen Ehrenhof einschloß. Vielleicht stand hierbei die entsprechend größere und prächtigere Anlage am Schönbornschloß Weißenstein in Pommersfelden Pate. Eine weitere Bereicherung des Hofraumes wurde an der Nordseite durch die Anlage einer mit gekurvten Anschwüngen in geometrischen Formen gestalteten Böschung erreicht, in deren Mitte eine dreiläufige Freitreppe zum architektonisch gestalteten Parktor in einer Nische der oberen Abschlußmauer hinaufführte. Jenseits der Straße lag hinter einer weiteren Gartenmauer der nach französischem Vorbild angelegte Schloßpark.

Johann Alexander von Rietheim, als Kind seiner Zeit ein leidenschaftlicher Bauherr, der neben dem Schloßumbau in seinen Besitzungen noch zahlreiche Bauvorhaben verwirklichen ließ, verstand es, als echter Feudalherr Hof zu halten, im Alltag über die Schar der Bedienten zu herrschen und den Festen den Glanz eines kleinen Hofstaates zu geben.

Jahre vergingen im Wechsel von Wohlstand und Sorgen, manches von der barocken Pracht ging im Laufe der Zeit wieder verloren. Auf dem Parkgelände steht nun ein Kornfeld, die Not der Zeit erforderte eine Beschränkung auf das Nützliche. Dem Bemühen des gegenwärtigen Schloßherrn Maximilian Eglof Freiherrn von Rietheim um die Erhaltung und Instandsetzung des Schlosses Harthausen ist die Wiedergeburt eines Kleinods schwäbischer Schloßbaukunst zu danken.

Schaezler-Haus Augsburg

Wenngleich die Maximilianstraße in Augsburg sich nicht immer schon in imponierender Breite wie heutzutage von St. Moritz bis St. Ulrich und Afra dehnte, sondern gerade in der Blütezeit der Stadt von einer Häusergruppe, bestehend aus dem Siegelhaus, dem Weinstadel und dem Salzstadel, inmitten besetzt war, so bauten hier doch die besseren Leute, die herrschenden Patrizier und die reichen Handelsherrn von jeher ihre Behausungen. Zwar ist von der Pracht der Fuggerhäuser nach Kriegszerstörungen nicht viel übriggeblieben, auch die meisten anderen einst repräsentablen Häuser mit ihren Fassaden aus dem 16., 17. und 18. Jahrhundert verloren viel vom ursprünglichen Reiz.
Ein wenig unvermittelt erscheint da in der Reihe der nüchternen Fronten wie ein Glanzlicht als schwingender Akkord die fein gegliederte Schauseite des Schaezlerpalais, ein adliges Geschöpf unter seinen schlichten bürgerlichen Brüdern. Seine Existenz hier ist um so verwunderlicher, als gemeinhin Adelspalais in Residenzstädten zu finden waren, wo ein Fürst Hof hielt und reiche und einflußreiche Hofbeamte zu repräsentieren hat-

112 *Front des Schaezlerpalais in Augsburg an der Maximilianstraße, davor der Herkulesbrunnen.*

Tafel 7 Festsaal des Schaezlerpalais in Augsburg, Deckenbild von Gregorio Guglielmi um 1767.

ten. Augsburg war wohl Bischofssitz, im 18. Jahrhundert aber residierten die Bischöfe meist noch in ihrem Schloß in Dillingen, dort ließ sich auch der Hofstaat nieder.

Die Bauleute und Kunsthandwerker, die den Bau planten und hier 1765 den Grundstein legten, kamen allerdings aus der Residenzstadt München und übertrugen ihre Maßstäbe in die schwäbische Metropole. Der Bauherr, der zunächst an dieser Stelle ein mittelalterliches Bürgerhaus — es heißt, es sei das Geburtshaus der schönen Philippine Welser gewesen — erwarb und abbrechen ließ, war der Bankier Benedikt Adam Freiherr Liebert von Liebenhofen, und sein Architekt war der Münchener Baumeister Karl Albert von Lespilliez, er schuf den endgültigen Plan, nach-

113 Schaezlerpalais Augsburg, Blick von der Torhalle in die innere Gasse.

dem bereits zuvor Maurermeister Johann Gottfrid Stumpe, gleichfalls aus München, einen Entwurf vorgelegt hatte. Die Oberleitung hatte als dritter Münchner im Bunde der Hofmaurermeister Leonhard Matthäus Giessl.

Was die Bauleute hier schufen, war ein dreigeschossiger Bau zu sieben Fensterachsen an der Maximilianstraße und ein schmaler, in den letzten elf Achsen verbreiterter Trakt zu zweiunddreißig Fensterachsen an der Katharinengasse mit zwei inneren in der Flucht der Eingangshalle hintereinander liegenden Höfen, welche eingeschossige Flügel gegen den Garten abschlossen. Zwischen den Höfen ein kurzer Querbau in Höhe des Nordtraktes mit gewölbter Durchfahrt im Erdgeschoß, so daß Torhalle, Höfe und Durchfahrt in gerader Linie eine innere Gasse bilden.

Das Sockelgeschoß der Hauptfassade mit Putzrustika ist durch ein breites Gesims begrenzt. Drei der sieben Achsen bilden in der Mitte ein schwach vorstehendes Risalit, in welchem sich im Erdgeschoß das Portal, zwischen Putzflächen mit plastischen Trophäen stehend, zur Torhalle öffnet. Den Bogen schließt ein Schmiedeeisengitter mit Ranken und Blüten. Die sieben rechteckigen Fenster, bzw. im Mittelrisalit Türen, sind im ersten Obergeschoß in Putzrahmen mit Segmentgiebeln eingefaßt und mit unter der Sohlbank hängenden Blütenketten dekoriert. Vor den mittleren Türen ein schmaler Balkon auf Konsolen mit einem eleganten Schmiedeeisengeländer aus Voluten und Muschelwerkstücken. Ein wenig schlichter als im ersten Stock sind die Fenster im obersten Geschoß umrahmt und dekoriert. Über dem breiten Traufgesims liegt im Bereich des Risalits ein flacher Giebel mit einer Wappenkartusche im Felde. Die lange Seitenfront steht durch die strenge Reihung der schmalen, unter Gesimsstücken im Erdgeschoß, Segmentgiebeln im ersten und Kartuschen im obersten Geschoß stehenden schlicht gerahmten Fenstern in wirkungsvollem Kontrast zur prunkvollen Hauptfassade.

Soweit der vielgliedrige Baukörper; im Innern wechseln weite Säle mit engen Kabinetten, Glanzpunkte der Raumgestaltung sind das Treppenhaus mit einem sich gewendelt um einen Hohlraum aufschwingenden Holztreppenlauf und abschließendem Deckenfresko, vor allem aber der Festsaal im rückwärtigen Trakt, zu dessen rauschender Ausgestaltung Künstler von Rang und Namen ihr Bestes gaben.

Der Festsaal, im Konzept ein Werk des Gregorio Guglielmi, der die ganze Breite des Katharinengassenflügels einnimmt, wird an beiden Längsseiten durch je sieben Fenster belichtet. Wand- und Deckendekoration gehen ineinander über, daran wirkten gemeinsam die Stukkatoren Franz Xaver

Feichtmayr d. J. und sein Bruder Simpert, der Bildhauer Placidus Verhelst, der das Schnitzwerk an Spiegelrahmen und Füllungen sowie an Vertäfelungen besorgte, Ignaz Paur als Faßmaler und der Spiritus Rector Gregorio Guglielmi, ein Zeitgenosse Tiepolos, der selbst das Deckenbild malte. Dargestellt ist hier, verwoben mit allerlei Symbolik, als zentrale Figur der Gott Merkur als Förderer und Beschützer des alle Menschen und Erdteile verbindenden Handels. Kamine aus grauem Marmor, Kristallüster, Spiegel, darüber Symbole der Tierkreiszeichen und der Jahreszeiten, vervollständigen die repräsentative Wirkung dieser einzigartigen süddeutschen Rokokokomposition, die in den Jahren 1767–1770 geschaffen wurde.

Benedikt Adam von Liebert vererbte das 1765–1767 erbaute Haus seinem Schwiegersohn Johann Lorenz von Schaezler, dessen Familie hinfort das Haus bewohnte, bis es 1958 Dr. Wolfgang Frhr. von Schaezler der Stadt Augsburg als Heim für ihre Kunstsammlungen übergab. Diese Stiftung sollte zugleich dem Andenken seiner beiden im Krieg gefallenen Söhne gewidmet sein. Das Haus, das bestimmungsgemäß die Kunstschätze der Stadt Augsburg aufnahm, wurde noch durch zwei weitere Stiftungen bereichert, durch die einmal die reiche Gemäldesammlung des Kunsthändlers Haberstock mit Bildern von Tizian, Rubens, Rembrand, Veronese, Hals, Tiepolo und anderen der Öffentlichkeit zugänglich gemacht wurde und zum anderen das Oeuvre des Malers Fritz Koelle vorgestellt werden konnte.

In glücklicher räumlicher Verbindung findet der Kunstfreund eine wesentliche Ausweitung der Galerie, indem ein Verbindungsgang zu der im ehemaligen Dominikanerinnenkloster St. Katharina untergebrachten Filialgalerie der Staatsgemäldesammlung hinüberführt. Hier sind die Basilikenbilder Holbeins d. Ä. und Burgkmairs, Albrecht Dürers Bildnis Jakob Fuggers des Reichen und viele andere zu bewundern.

Ein kostbares Gefäß mit einem nicht weniger kostbaren Inhalt, so ist das Schaezler-Haus in Augsburg für Einheimische und Fremde ein Kunsterlebnis von hohen Graden.

36 Schloß Amerdingen

Das Dorf Amerdingen lag im Grenzgebiet zwischen dem Fürstentum Pfalz-Neuburg und der Grafschaft Oettingen, die beide Anteil an landesherrlichen Rechten hatten. Unmittelbar am südlichen Ortsrand begann als Grenzscheide der Rennweg (= Rainweg, Grenzweg), der 1591 durch 24 Grenzsteine markiert wurde. Das nicht immer gute und friedliche Verhältnis zwischen den Landesherren beeinflußte zeitweise auch das Schicksal des Ortes und der ortsansässigen Herrschaft. So stand das am Ort wohl seit dem Ende des 13. Jahrhunderts ansässige Adelsgeschlecht zu beiden Landesherrn in Lehnsabhängigkeit.
Seit 1333 kam unter den gleichen Bedingungen die Familie von Scheppach in den Besitz des Gutes, Ulrich von Scheppach war 1344 Kirchherr zu Amerdingen. Der letzte seines Stammes, Veit von Scheppach, starb 1546. Seine Witwe heiratete Hans Schenk von Stauffenberg, dem sie die von ihrem ersten Mann hinterlassenen Allodialgüter von Amerdingen zubrachte. Hans Schenk von Stauffenberg, der dritte Sohn des Schenken Sebastian und seiner Frau Anna von Rechberg, begründete in Amerdin-

gen durch weiteren Landerwerb eine reichsritterschaftliche Herrschaft, er war der Ahnherr der Amerdinger Linie der Schenken von Stauffenberg, die bis zur Gegenwart blüht.
Zunächst hatte er Schwierigkeiten, sich gegen Ansprüche der Oettinger Grafen zu behaupten, die nach dem Tode des Veit von Scheppach 1564 ihre Lehen in Amerdingen einzogen. Erst nach Abschluß eines Vertrages 1566 zu Augsburg, der Hans Schenk zur Zahlung von 12 500 fl. verpflichtete und den Grafen weitere Vorteile einräumte, erhielt er den freien Edelmannssitz und Schloß Amerdingen samt allen Zugehörungen als Lehen. Es bestand demnach derzeit am Ort bereits ein Schloß, von dessen Gestalt und Zustand jedoch nichts berichtet ist. Vermutlich war es aber auch nicht mehr der Gründungsbau aus dem 13./14. Jahrhundert.
Die freundliche Bereitschaft des Hans Schenk, dem Neuburger Herzog Wolfgang in Mainz 1 000 fl. in Münz ohne Verzinsung zu leihen, trug ihm die Gunst dieses Herren und die Verleihung der Jagd in Amerdingen ein, so daß er nun die ritterschaftliche Unabhängigkeit durch Doppelbelehnung von zwei Herrschaften festigen konnte. Durch Kauf und Tausch pfälzischer Güter und diesbezügliche Belehnung durch Pfalzgraf Philipp Ludwig, konnte Hans Schenk die Beziehungen zu Pfalz-Neuburg noch bestärken. Das engere Verhältnis fand in seiner Ernennung zum Rat und Diener des Pfalzgrafen sichtbaren Ausdruck. So hatten die Schenken von Stauffenberg in Amerdingen eine eigene Herrschaft begründet und für ferne Zukunft gesichert, wozu ihnen nicht zuletzt auch ihr Wohlstand verholfen hatte.
Die stärkere Anlehnung an Neuburg war wohl nicht geeignet, das Verhältnis zum Oettinger Lehnsherrn zu verbessern. Aus dieser Situation ergaben sich in der Folgezeit von dieser Seite Schikanen, die vor allem in der Unterstützung widerspenstiger Bauern durch die Grafen deutlich wurden. Diese Querelen belasteten die letzten Lebensjahre des Hans Schenk, der am 12. Juni 1582 starb und zwei unmündige Kinder, die Tochter Margarete Anna und den jüngeren Bruder Bernhard hinterließ, für die zunächst als Vormünder Schenk Sebastian von Stauffenberg, Bernhard Westernach, Bruder ihrer Mutter, und der Vetter Kaspar Bernhard von Rechberg die Verwaltung des Rittergutes und die Regelung der Lehnsverträge übernahmen.
Mündig geworden übernahm Bernhard Schenk die Herrschaft, er heiratete 1589 Anna Regine von Leonrod, wurde 1591 von Neuburg und 1592 durch den Grafen Wilhelm von Oettingen-Wallerstein belehnt. Da er in Geldsachen eine unglückliche Hand hatte, hinterließ er bei seinem Tode

1610 seinen sechs Kindern ein stark gemindertes Vermögen, das zunächst wieder von Vormündern verwaltet wurde, die damit ein „beschwerliches" Geschäft übernahmen.

Der 1602/03 geborene Wilhelm Konrad übernahm, zum Erben bestimmt, 1630 das Gut. Der 1634 ins Land getragene Krieg brachte auch für Amerdingen Not und Schäden, als das Dorf — nach der von den Schweden gegen die Kaiserlichen verlorenen Schlacht bei Nördlingen — in Schutt und Asche sank. Auch das Schloß dürfte dabei nicht verschont geblieben sein. 1642 erhielt Wilhelm Konrad in Wallerstein das als Steinhaus deklarierte Schloß von Graf Martin Franz von Oettingen zu Lehen. Dem Neuburger Herzog diente er als pfalzgräflicher Rat und Kämmerer, die Schloßruine wurde wohl nach dem Friedensschluß auf sein Betreiben wieder aufgebaut.

115 *Der Schloßpark in Amerdingen.*

116 Gartenfront von Schloß Amerdingen.

1665 übertrug er die Herrschaft Amerdingen seinem jüngeren Bruder Johann Siegmund, der in fürstbischöflich Eichstättische Dienste trat und die Tradition der Familie fortsetzte. Schloß Amerdingen wurde seither nur zeitweise bewohnt und zwischenzeitlich von Verwaltern und Obervögten verwahrt.

Johann Sigismund hatte sich als Soldat in mehreren Feldzügen unter Graf Gottfried Heinrich Marschall zu Pappenheim und später unter Octavio Piccolomini bewährt. Seine Bewerbung um Aufnahme in den Deutschen Orden führte aus unbekannten Gründen nicht zum Erfolg. So diente er dem Fürstbischof Markward von Eichstätt als Stallmeister, Rat und Kämmerer und heiratete 1640 Margaretha Ursula Schenkin von Geyern.

Wesentlichen Anteil an der Baugeschichte von Schloß Amerdingen hatte der 1733 daselbst geborene Johann Franz de Paula Schenk von Stauffenberg, von zwölf Geschwistern der einzig überlebende Sohn, der nach juristischem Studium, Absolvierung seiner Kavalierstour durch die Niederlande und durch Frankreich als Praktikant am Reichskammergericht in

Wetzlar tätig war wie weiland Wolfgang von Goethe und es in der Folgezeit im Dienst des Bamberger Bischofs Adam Friedrich von Seinsheim zu hohen Ämtern und Ehren brachte.
Es ist berichtet, daß er 1784–1788 das Schloß Amerdingen durch Lorenz Fink umbauen ließ. Es dürfte sich jedoch wohl um einen Neubau gehandelt haben, durch den das Schloß seine endgültige, bis heute nur unwesentlich ergänzte Gestalt erhielt. Der vom Bambergischen Hofwerkmeister Fink (5. 11. 1744 – 19. 5. 1817), einem Schüler des dortigen Hofbaumeisters Fischer, signierte Originalplan, mit Darstellung von Erdgeschoßgrundriß mit Parkanlage, zwei Obergeschossen und Fassadenaufriß, wird im Archiv in Jettingen verwahrt. 1806 kam die Souveränität über die Herrschaft an das Königreich Bayern.
1874 wurde Franz Ludwig Schenk von Stauffenberg mit dem Beinamen der Jettinger, dem zur Nutznießung unter anderen Gütern auch Amerdingen zukam, durch König Ludwig II. von Bayern in den erblichen Grafenstand erhoben, sein Urenkel Markward Sebastian Philipp Maria war seit 1929 Herr auf Gut Amerdingen, das sein Sohn Alfred Bertold 1956 übernahm und modernisierte. Aus seiner Ehe mit Hedwig Gräfin von Hochberg Freiin zu Fürstenberg gingen drei Kinder hervor; die Familie bewohnt, pflegt und erhält Schloß Amerdingen in vorbildlicher Weise.
Das Schloß, unmittelbar neben der Dorfkirche gelegen, ist ein schlichter Rechteckbau, dreigeschossig mit 11 Fensterachsen an der Front, von denen die mittleren drei in einem schwachen Risalit unter Frontispiz zusammengezogen und über dem Erdgeschoß noch durch einen Balkon mit reichem Schmiedeeisengitter betont sind.
Das Hauptgebäude schließt mit zwei eingeschossigen, freistehenden Flügelbauten den Ehrenhof ein, den auf der freien Seite ein Gitter zwischen Pfeilern begrenzt. Im Giebeldreieck stehen die Wappen Stauffenberg und Zobel von Giebelstadt, des Erbauers und seiner Gemahlin.
Die regelmäßige Grundrißgestaltung, durch die symmetrische Fensterreihung bestimmt, bedingt in allen drei Geschossen eine mittlere Eingangshalle bzw. Diele mit einer zweiläufigen Treppe an der Hofseite. Gegen den Park liegt im Erdgeschoß ein Gartensaal, dessen Wände mit Fresken dekoriert sind, die Landschaften mit Stauffenbergschen Schlössern und Gütern darstellen. Zwei Salons schließen sich gegen Norden an, südlich die Küche mit Nebenräumen. Die entsprechenden Räume im Obergeschoß bilden, wie es eine typische Übung barocker Schloßbaukunst vorschrieb, mit dem mittleren Saal und seitlichen Salons an der Parkseite eine Enfilade.

Während der Saal in einer strengen klassizistischen Wandgliederung durch Stucklisenen, Ornamentfelder und Konsolgesimse alternierend mit Landschaftsbildern und Figuren in den Feldern dekoriert ist, wechseln in den Salons Ornamenttapeten mit Bildtapeten in reicher Blütenrahmung um pompejanische Motive.
Meister der Stukkaturen war Materno Bossi aus Würzburg, die Tapeten können aus der um 1760–1765 begründeten Manufaktur von J. B. Réveillon in Paris stammen, dessen von bedeutenden Künstlern der Zeit entworfenen Tapeten sich bald allgemeiner Beliebtheit erfreuten und auch in fremden Ländern bis nach Amerika vertrieben wurden. Mit der Wanddekoration vereinigt sich die stilreine Möblierung zum harmonischen Ensemble. Der als französischer Garten geplante Park wurde in einen Landschaftsgarten mit Baumgruppen, Blumenbeeten und Rasenflächen verwandelt. Ein Rundtempelchen, um 1795 erbaut, bezeichnet als zierliche Silhouette den fernen Abschluß.

117 Schloß Amerdingen, Festsaal im ersten Obergeschoß mit Stukkaturen von Materno Bossi um 1785.

37 Wallerstein, ehem. Witwensitz

Weit abseits des neuen Schlosses in Wallerstein, am Rande des sich nach Westen ausdehnenden Schloßparks, der auf Festungsgelände angelegt 1828 von einem französischen in einen englischen Garten verwandelt wurde, steht das „Moritzschlößchen", ehemals der Witwensitz. Den reizenden klassizistischen Bau schuf Josef Anton von Belli de Pino 1803/04 als eigene Wohnstatt. Doch bereits 1805 erwarb Fürstin Wilhelmine den Bau, sie ließ 1809/10 die seitlichen Flügelbauten anlegen, vielleicht angeregt durch die ähnliche Anlage des hundert Jahre älteren oettingischen Schlößchens Hohenaltheim (s. S. 190). In Wallerstein wurde unter den drei Baukörpern durch einen äußeren Gang eine unmittelbare, wettergeschützte Verbindung geschaffen, so daß im Endeffekt die drei Flügel gebunden den kleinen Ehrenhof nach barockem Schema einschlossen. Während die zweigeschossigen Flügelbauten nur durch Putzrustika belebt sind, ist die

Ostfassade des Mittelbaus durch Lisenen gegliedert, die Mitte durch ein Zwerchhaus über der Traufe mit Frontispiz betont. Alle drei Gebäude haben Mansarddächer.

Neben einigen klassizistischen Öfen birgt das Innere in Gestalt von Wandmalereien im südlichen Eckzimmer des Erdgeschosses eine reizvolle Dekoration. Man sieht dort oettingische Burgen, Schlösser und Klöster, die unter dem Patronat der Fürsten standen. Im einzelnen sind hier dargestellt: Kloster Maihingen, Schloß Reimlingen, Ruine Flochberg, Schloß Hohenbaldern, Kloster Deggingen, Kloster Kirchheim, Markt Wallerstein mit dem Felsen und Kloster Hl. Kreuz in Donauwörth.

Zum Komplex der zum neuen Schloß in Beziehung stehenden Bauten gehört auch die 1741 nach Plänen des Wiener Baumeisters Paul Ulrich Trientel errichtete Reitschule. Der stattliche Bau bereicherte die Residenz der 1774 gefürsteten Grafen von Oettingen-Wallerstein und bildete mit seiner Masse einen eindrucksvollen Abschluß des Parkgeländes gegen Süden.

Von den organisatorischen und kulturellen Leistungen der Grafen und Fürsten von Oettingen, ihre Sorge um Leben und Wohlverhalten der Untertanen als Landesherrn zeugen zahlreiche Verordnungen, die verbesserte Sicherheit, den Armen, Landstreichern, Hurereigesetzen, Feuerlösch-, Kindtauf-, Hochzeits- und Leichenordnungen galten. Als belustigendes Beispiel dieser Bemühungen sei hier im Auszug die „Hochzeits- und Kinds Tauff Ordnung, vnser Martin Franz vnd Joachim Ernst regierender Grafen zu Oettingen vnd Wallerstein“ zitiert: „Wir Martin Franz, und Joachim Ernst, beede Regierende Grafen zu Oettingen vnnt Wallerstein vrkvnden hiermit jeder männiglich; Demnach in dem gantzen Land, vnserer gantzen Graffschaft, auch der Statt Oettingen, bey Hochzeitlichen Ehren-Festen, allerhand Vnordnungen, auch anderen eingerissenen, daß dahero nicht allein bey vnsern Vnterthanen mercklicher Abbruch an der Nahrung erfolgt, die Victualien an ordentlichen Märckten auffgekaufft, vnd zu beschwerlichen Vncosten erwachsen, Sondern auch (welches das allerhöchste ist,) Gott der Allerhöchste, durch dergleichen vihisches Sauffen, gröblich erzürnet vnnd beleydiget, sein Hochheyliger Nahm mißbraucht vnd gelästert, die hernachwachsende Jugend, (so vorhin mehr zu bös: als gutem geneigt,) auch andere Ehrliebende Christliche Personen, von Mann vnd Weib, neben den Durchreysenden, mit vnserer nicht geringer Verschimpfung, offendiert und geärgert werden“.

Außer solcher Verwaltungstätigkeit als Landesherrn waren die Grafen, später Fürsten, um Kunst und Wissenschaft bemüht, sammelten Werke der Literatur und der bildenden Kunst (s. Harburg S. 49) und pflegten an ihrem Hofe die Musik. An der Residenz Wallerstein wirkte in der ersten Hälfte des 18. Jahrhunderts eine bedeutende Hofkapelle. Unter Graf Philipp Karl (1745–1766) wurde eine Hofmusik gebildet, zu der hauptsächlich Bläser zählten. Besonderen Aufschwung erhielt die Hofkapelle durch den musikliebenden und selbst musizierenden Grafen, seit 1774 Fürsten Kraft-Ernst (1773–1802). Konzerte wurden in Wallerstein und Hohenaltheim veranstaltet. Bedeutende Solisten und Komponisten waren hier zu Gast und gehörten dem Orchester an, gelegentlich gaben internationale Künstler Gastspiele z. B. Wolfgang Amadeus Mozart, Joseph Haydn und andere. Nach 1803 war der Niedergang der Hofmusik durch die Mediatisierung des Fürstentums und durch hohe Kriegskontributionen bedingt. Das Orchester wurde zunächst vermindert. 1812 erfolgte unter Fürst Ludwig Kraft eine Reorganisation der Hofkapelle, wegen häufiger Abwesenheit des Fürsten erlosch jedoch die musikalische Tätigkeit 1821 ganz.

Der gegenwärtige Chef des Hauses Oettingen-Wallerstein, Fürst Carl Friedrich von Oettingen, ist um die Erhaltung des ihm überkommenen Kulturerbes bemüht, er bewohnt in Wallerstein den ehemaligen Witwensitz.

38 Neuschwanstein

Die vielen tausend Menschen aus aller Herren Länder, die alljährlich die Mühsal des langen Aufstiegs auf sich nehmen oder in einer Kutsche zu dem „Märchenschloß“ auf dem hohen Felsstock hinauffahren, tun dies, um etwas Sensationelles zu erleben, um den leichten Schauder an einer skurrilen Geschmacksabart zu kosten, um in ehrlicher Bewunderung eine hohe künstlerische Leistung zu genießen oder in schwärmerischer Verehrung für den Initiator des Werkes, der seiner Vorstellung vom Wesen des Herrscheramtes ein symbolisches Denkmal setzte, zu erglühen. Fast so zahlreich und verschiedenartig wie die Besucher selbst, sind die Motive, die diese zur Besichtigung der Burg bewegen. Alle aber setzen sich auf diese oder jene Art mit der Gestalt des Bauherrn auseinander, der gerade diesem Werk wie kaum einem anderen den Stempel seiner Persönlichkeit aufgeprägt hat.

Ludwig II. König von Bayern, ein einsamer Mensch und Sonderling, kontaktarm und scheu, baute kein Schloß für große Empfänge oder Staatsakte, wofür auch nach seinem Wesen kein Bedarf bestand, er baute seine Schlösser und ganz besonders Neuschwanstein für sich selbst, um seiner Vorstellung von der Realität des Königtums sichtbaren Ausdruck zu geben. Die Schlösser waren Ausdruck und Formung seines geistigen Lebens, seines Weltbildes, wie er es sich mit ihnen gleichnishaft als Einsamer schuf (Heinrich Kreisel).

Beim Besuch der Wartburg 1867 machte Ludwig besonders der Sängersaal, die Stätte des sagenhaften Sängerkrieges, großen Eindruck, nicht zuletzt beeinflußt durch seine tiefe Bewunderung für Wagners Oper Tannhäuser, in welcher dieser Raum ein wesentliches Element der Gesamtatmosphäre darstellt. So erwachte in ihm der Wunsch, selbst einen solchen Raum zu besitzen, der allerdings nur im Gehäuse einer Burg denkbar war.

Bei der Umschau nach einem geeigneten Bauplatz fiel die Wahl auf die Ruinenstätte der ehemaligen Burgen Vorder- und Hinterhohenschwangau, die Ludwig von häufigen Aufenthalten in der von seinem Vater, König Maximilian II., wieder aufgebauten Burg Hohenschwangau, ursprünglich Schwanstein, her gut kannte. Die Gegend um den Alp- und den Schwansee und die umliegenden Berge war bereits der Lieblingsaufenthalt des Kronprinzen Ludwig gewesen; nach seiner Abkehr von München, dem Sammelplatz seiner Widersacher, war ihm als König die Bergwelt mit ihren einfachen Bewohnern der Lebensraum geworden, in welchem er frei atmen und sich wohlfühlen konnte. Es waren also vor allem Eindrücke, die er in seiner Jugend durch den Sagenstoff um die Herren von Schwangau, ihre Abhängigkeit von den Welfen und Staufern und Beziehungen zu den Schyren, den Vorgängern seines eigenen Hauses Wittelsbach, erhalten hatte, mit dem in eindrucksvollen Wandgemälden nach den Vorstellungen seines Vaters die Räume der Burg Hohenschwangau dekoriert wurden. In diesem Geist nun sollte, wie es als Bezeichnung des 1867 vorgelegten Bauprojekts hieß, „die alte Burg zu Hohenschwangau in altdeutschem Stil aufgebaut werden". In diesem Sinn schrieb der König auch 1868 an Richard Wagner; seine Schwärmerei für Wagners Werk war, wenn auch nicht ein bestimmendes, so doch ein sehr wesentliches Motiv für Ludwigs Entschluß.

Die Planung war zunächst dem königlichen Hofbaudirektor Eduard Riedel übertragen. Das erste Projekt sah einen Bau mehr malerischer, spätgotischer Art mit reicher Gliederung und Belebung durch zahlreiche Türmchen vor. Laufende Änderungen und Verbesserungen erbrachten zu Ende des Jahres dann die endgültigen Unterlagen, in denen nicht nur Art und Form der Raumfolge verbessert, sondern vor allem die Erscheinung

120 Neuschwanstein, Burghof mit der Giebelfront des Palas, die die Bilder Marias und St. Georgs zieren.

des Bauwerks als monumentale romanische Burg festgelegt war. Der Theatermaler Christian Jank hatte an diesen vorbereitenden Untersuchungen wesentlichen Anteil.
Zunächst galt es den Bauplatz vorzubereiten, dazu war es nötig, die Ruinenmauern zu beseitigen und das Plateau durch Felssprengungen zu erweitern und zu planieren. Mit der Errichtung des Torbaus begannen 1869 die Arbeiten. Als einzigem Bauteil wurde hier Ziegelmauerwerk für die Fassade verwendet, lediglich das Mittelfeld mit Rundbogentor und Gußerkern sowie die flankierenden Rundtürme mit Maschikulikranz sind in Werkstein ausgeführt wie der ganze übrige Bau. Am Schloßhof unmittelbar steht der starke Luginsland mit seinem offenen Söller auf Konsolen und dem runden Aufsatz (Butterfaßturm). Über einen Verbindungsgang im Erdgeschoß gelangt der Besucherstrom dann auf der steinernen Wendeltreppe zu den Prunkräumen im dritten Stockwerk.
Hier liegt zwischen dem Thronsaal zur Rechten und der übrigen Raumfolge der königlichen Wohngemächer zur Linken die gewölbte Vorhalle; die Wandfresken veranschaulichen hier die Siegfriedsage. Die Dekoration des Thronsaales ist in byzantinischem Stil gehalten. Dem fast quadratischen Raum (15x20 m) ist eine halbrunde Apsis angefügt, zu der Marmorstufen emporführen, Malereien an ihren Wänden stellen im unteren Wandteil die zwölf Apostel, über einem Gesims sechs heilige Könige und in der Halbkuppel die Kreuzigungsgruppe mit einem Kranz von Engelsputten dar. Arkaden auf Porphyrsäulen gliedern die Langwände und die Rückwand, über einer Balustrade öffnen sich Galerien mit Bodenstellungen auf Stuck-Lapislazulisäulen. Der riesige Kronleuchter ebenso wie der farbige Mosaikfußboden bestimmen zusammen mit der in allen Bereichen von Ornamenten übersponnenen Architektur den überaus festlichen Glanz dieser Weihestätte, die der König nicht schaffen ließ um hier zu thronen und als Herrscher aufzutreten, sondern um sich hier in stiller Zurückgezogenheit auf sich selbst und sein Amt zu besinnen.
Zu den Wohnräumen des Schlosses gehören nacheinander das Speisezimmer, holzvertäfelt mit einer Sargdeckeldecke und Wandfresken mit Szenen aus der Wartburg zur Zeit des Sängerkrieges. Es folgt das Schlafzimmer in spätgotischem Stil, das Prunkbett, mit Maßwerkzier, Wimpergen und Fialen verziert, steht in einer Ecke, die Holzbalkendecke wird von einem reich geschnitzten, mit Figuren besetzten Mittelpfosten getragen. Thema der Wandbilder ist hier die Sage von Tristan und Isolde. Den kleinen benachbarten Betraum in neugotischer Fassung beherrscht der Flügelaltar mit feinem Schnitzwerk und der Darstellung des hl. Ludwig

121 *Wohnzimmer im Schloß Neuschwanstein, Wanddekoration mit Motiven der Lohengrinsage.*

als Altarbild. Holzgetäfelte Wände auch im Ankleidezimmer, an der Längswand auf einem von Säulchen getragenen Wandtisch mit Marmorplatte das Lavoir mit Wasserkrug vor einem Spiegel mit geschnitzter Rahmung. Über der Täfelung Wandbilder mit Darstellungen aus dem Leben Walthers von der Vogelweide. Als einziger Raum hat dieser statt einer Holzdecke einen mit Blüten und Blättern bemalten Plafond. Eine reich beschlagene Tür mit aufwendigem Kastenschloß führt zum Wohnzimmer. Der geräumige Salon ist seitlich durch das sogen. „Schwaneneck", eine Nische hinter drei Arkaden auf Marmorsäulen, erweitert. Die reich bemalten Holzbalken der Decke liegen auf Konsolen, hier ist die Lohengrinsage an den Wänden illustriert. Bleibt noch das Arbeitszimmer des Königs, ein durch eine Bogenstellung mit Mittelsäule geteilter Raum mit Täfelung, Türrahmung, Decke und Wandschrank in pseudoromanischen Formen. Zur Ausstattung gehört der mächtige auf geschnitzten Stützen ruhende Schreibtisch, der mit dem bayerischen Wappen verzierte Lehnsessel und weitere Stühle mit ähnlichem Dekor. Gemälde zum Sagenkreis um Tannhäuser und den Sängerkrieg auf der Wartburg füllen hier die Wandfelder.

Der Raum, um dessentwillen der König eigentlich das ganze Schloß baute, aber ist der Sängersaal im vierten Stockwerk. Jedoch die ursprüngliche Idee, nach dem Vorbild in der Wartburg auch in Neuschwanstein einen Sängersaal im Sinne der Tannhäusersage zu gestalten, wandelte sich im Laufe der Jahre mit zunehmender Reife zur Vorstellung eines höheren Wertes, den der König im Erlösungsgedanken des Parzivalschicksals zum Mittelpunkt seiner eigenen geistigen Welt machte. So ist auch der Parzivalstoff hier ausschließlich für die Wandgemälde verwendet, eingebunden in eine Architektur in romanischen Einzelformen, die in einer Weise von Ornamentik übersponnen ist, die an muselmanische Dekoration erinnert. Eine kassettierte Holzdecke in Sargdeckelform überspannt den Raum, den einseitig ein äußerer Gang begleitet, gegen den er in Fensterarkaden geöffnet ist. Wie eine Bühne wirkt die „Sängerlaube" mit gemalter Waldlandschaft als Hintergrundkulisse, als Abschluß an der inneren Schmalseite, die sich in einer dreifachen Bogenstellung auf vier Marmorsäulen öffnet. Sechshundert Kerzen auf Kandelabern und vier Radlüster können zu festlichen Anlässen den Raum in zauberhaftes Licht hüllen.

Bleibt noch kurz über den Ablauf des Bauvorgangs zu unterrichten und die Namen der Bauleute und Künstler zu nennen, die hier die Ideen ihres Herrn und Herrschers nach bestem Können verwirklichten. Wie bereits

122 *Wandgemälde im Arbeitszimmer im Schloß Neuschwanstein: „Tannhäuser im Venusberg", gemalt von Joseph Matthäus Aigner.*

gesagt, stammte der erste Entwurf von Baudirektor Eduard Riedel, frühe Ansichtsentwürfe malten Christian Jank, Frhr. von Pechmann und Peter Herwegen. Am 9. Juli 1868 legte Riedel ein zweites Projekt vor, neue Entwürfe lieferte der Maler Michael Welter, die für Möbel und Einrichtungsgegenstände im Torbau Verwendung fanden. 1874 wurde Georg Dollmann Riedels Nachfolger, nach Riedels Plänen stellte er bis 1881 den Rohbau des Palas fertig. 1882 vollendete man das Ritterhaus und den Verbindungsbau, Julius Hoffmann wurde von 1881 an mit der Innenausstattung beauftragt, er trat 1884 an Dollmanns Stelle.

Die Schöpfer der zahlreichen Wandgemälde waren Prof. Wilhelm Hauschild, Eduard Ille, Ferdinand Piloty d. J., Julius Frank, August von Hekkel, Joseph Matthäus Aigner, Prof. August Spieß und Christian Jank. Neben diesen Malern wirkten Bildhauer, Bau- und Möbelschreiner, Schnitzer, Glasmaler, Kunstschmiede, Schlosser, Dekorateure, Näherinnen und Stickerinnen. Den Mosaikfußboden des Thronsaales fertigte der Wiener A. Detoma nach Entwurf von A. Sprenger.
Alle diese Künstler schufen, wie es die gesamte Kunstäußerung des 19. Jahrhunderts bedingte, keine Kopien mittelalterlicher Vorlagen und Vorbilder, sondern unter Verwendung historischer Formen, wie es ja auch in anderen Kunstepochen geschah, Werke aus eigener Phantasie mit höchstem handwerklichem Können, die in nichts qualitativ vergleichbaren Schöpfungen vergangener Jahrhunderte nachstanden. Eine geringschätzige Beurteilung des Gesamtkunstwerks, wie auch aller Detailarbeiten ist demnach durchaus fehl am Platze. So steht das zur Wirklichkeit verwandelte Traumbild eines großen Geistes hier als Denkmal, das sich der König selbst setzte, der hier vielleicht seine glücklichsten, wohl aber auch die schwersten Tage seines bewegten Lebens genoß und erlitt.

Tafel 8 Schloß Neuschwanstein.

Literaturverzeichnis

Benutzte Literatur

Quellen: Saal- und Urbarbuch der Herrschaft Harthausen auf buelch Des Edlen und Vösten Heinrichen Truchsessen von Höffingen zu Harthausen / geschrieben von Notar Ulrich Spindeldreer zu Ulm 1565. Archiv Harthausen L 14.

Coppi des Saalbüchs der Herrschaft Harthausen Anno rr 1565 Renoviert. Archiv Harthausen, Salbuch B 14

Harthausen Archiv, Korrespondenz mit Baumeister Franz Kleinhans 1761, 1762, 1763.

Literatur:

Andrian-Werbung, Klaus v.; Schloßarchiv Kronburg 1965, Bayer. Archivinventare 27.

Auer, Paul: Die Reisensburg und ihre Geschichte (954—1954). In: Günzburger Heimatblätter, Günzburg 1954, H. 2

Baumann, Franz Ludwig; Geschichte des Allgäus Bd. I/III, Kempten 1883—1894. Bd. I, S. 46, Bd. II, S. 177 ff., 294 f., 181, 533, Bd. III, S. 259, 588 f.

Bolten, Rolf und Horst Gall; Der Wallersteiner Felsen – ein geologisches Phänomen. In: Nordschwaben 6. Jg. 1978, H. 1, S. 18 f.

Breuer, Tilmann; Bayerische Kunstdenkmale IV, Lkr. Memmingen, München 1959, S. 134 ff.

Breuer, Tilmann; Bayerische Kunstdenkmale IX, Lkr. Kaufbeuren, München 1960, S. 198 ff.

Breuer, Tilmann; Augsburg. München–Berlin 1966

Brutscher, Ludwig; Die Burg auf dem Stein – Ein Beitrag zur Geschichte des Wallersteiner Felsens. In: Der Daniel II. Jg. 1966, H. 5, S. 6 f.

Bühler, Heinz; die Heimat der Staufer ist das Ries. In: Nordschwaben 6. Jg. 1978, H. 1, S. 18 ff.

Decker-Hauf, Hansmartin; Das staufische Haus. In: Die Zeit der Staufer, Katalog der Ausstellung, Stuttgart 1977. Bd. III, S. 339 ff.

Diemand, Anton; Inventare und Ordnungen der ehemaligen Burg Wallerstein. In: 1. Jb. des H. V. Nördlingen 1912, S. 32 ff.

Diepolder, Gertrud; Historischer Atlas von Bayern, Teil Altbayern 2. Landgericht Aichach. München 1950.

Dorn, Johann; Aus Friedbergs Vergangenheit. In: Bayerland 40, 1929, Nr. 18, S. 545 ff.

Dorn, Ludwig; Ritter Veit Sürgen von Sürgenstein 1440–1511, sein Leben und seine Leistung. In: Allgäuer Geschichtsfreund N. F. 65/66, S. 1 ff.

Doser, J. B. und Ludwig Holzer; Die Ruinen Eisenberg und Hohenfreyberg bei Füssen im bayerischen Allgäu. In: Altfüssen, 8. Jg. 1932, Nr. 3–12.

Frickhinger, Ernst; Die Vor- und Frühgeschichte des Rieses. In: Rieser Heimatbuch, München 1923, S. 88 ff.

Gröber, Karl und Adam Horn; Die Kunstdenkmäler von Schwaben I. BA Nördlingen, München 1938, S. 39 ff., S. 128 f., S. 244/45, S. 402 ff., S. 455 ff.

Grünenwald, Elisabeth; Oettingen (Stadt). Oettingen 1962.
Grünenwald, Elisabeth; Das älteste Lehenbuch der Grafschaft Oettingen, Einleitung 14. Jahrhundert bis 1471 (1477). Oettingen 1975.
Grünenwald, Elisabeth; Oettingen in der Vergangenheit. In: Nordschwaben 5. Jg. 1977. H. 1, S. 2 ff.
Grünenwald, Elisabeth; Zur Geschichte von Burg und Markt Wallerstein. In: Nordschwaben 6. Jg. 1978, H. 1, S. 2 ff.
Grupp, Georg; Aus der Geschichte der Grafschaft Oettingen. In: Rieser Heimatbuch, München 1923, S. 154 ff.
Habel, Heinrich; Bayerische Kunstdenkmale XXXI, Lkr. Mindelheim, München 1971, S. 310 ff.
Handbuch der historischen Stätten Deutschlands, VII Bayern, hrg. v. Karl Bosl, 2. Aufl. Stuttgart 1965, S. 52, 55, 140, 168, 213, 222, 270, 275, 301, 305, 310, 323, 333, 352, 356, 391, 401, 450, 502, 511, 520, 558, 618, 733, 757, 779, 804, 811.
Hormayer-Hortenburg, Joseph Frhr. v.; Goldene Chronik von Hohenschwangau, München 1842.
Horn, Adam; Die Kunstdenkmäler von Schwaben IV, Stadt und Lkr. Lindau. München 1954, S. 471 ff.
Horn, Adam; Die Kunstdenkmäler von Schwaben 3, Lkr. Donauwörth, München 1951, S. 279 ff.
Horn, Adam und Werner Meyer; Die Kunstdenkmäler von Schwaben 4, Stadt und Lkr. Lindau i. B., München 1954, S. 471 ff.
Horn, Adam; Die freigelegten Wandbilder im Torhaus der Mindelburg. In: 20. u. 21. Bericht des Bayerischen Landesamts für Denkmalpflege 1961/62, München 1963, S. 113 ff.
Kavasch, J.; Der Wallersteiner Felsen — ein Zeuge des Riessees. In: Der Daniel II. Jg. 1966, H. 5, S. 5.
Knoepfli, Albert; Kunstgeschichte des Bodenseeraumes, Bd. 2. Stuttgart-München 1963, S. 113 ff.
Kreisel, Heinrich; Die Schlösser Ludwigs II. von Bayern. Darmstadt 1955.
Kunstdenkmäler von Bayern I, Oberbayern, BA Aichach, S. 195 Blumenthal, S. 199 Haslangkreit. München 1895.
Lieb, Norbert; Die Fugger und die Kunst im Zeitalter der Hohen Renaissance. München 1958, S. 246 ff., 259 f.
Lößl, E. Ritter von; Das Schloß Laubenberg-Stein bei Immenstadt. In: Allgäuer Geschichtsfreund 1889, 1, S. 2; 2, S. 13; 3, S. 21.
Materialien zur Oettingischen älteren und neueren Geschichte, Hrsg. Johann Paul Lang, Bd. 1—5 Wallerstein 1771—1775.
Merk, Otto; Burgen, Schanzen und Galgen im Allgäu, das kleine Allgäuer Burgenbuch. In: Allgäuer Geschichtsfreund Nr. 52/1951.
Meyer, Werner; Tausend Jahre Dillinger Schloß. In: Der Heimatfreund, Beilage der „Donau Zeitung" 11. Jg. 1960 Nr. 4.
Meyer, Werner; Burgen und Schlösser in Schwaben = Burgen Schlösser Herrensitze Bd. 22, Frankfurt a. M. 1964.
Meyer, Werner und Alfred Schädler; Die Kunstdenkmäler von Schwaben VI., Stadt Dillingen a. d. Donau, München 1964, S. 454 ff.

Meyer, Werner; Augsburg, Frankfurt a. M. 1967.
Meyer, Werner; Die Kunstdenkmäler von Schwaben VII, Lkr. Dillingen a. d. Donau, München 1972, S. 363 ff., 431 ff.
Der Landkreis Mindelheim in Vergangenheit und Gegenwart, Mindelheim 1968.
Monninger, Georg; Das Ries und seine Umgebung, Nördlingen 1893.
Nebinger, Gerhard und A. Rieber; 1000 Jahre Illertissen, Illertissen 1954.
Neu, Wilhelm u. Frank Otten; Bayerische Kunstdenkmale XXX, Lkr. Augsburg, München 1970, S. 317 ff.
Neues allgemeines Deutsches Adels-Lexikon; Hrsg. Ernst Heinrich Kneschke, Leipzig 1859—1870.
Petzet, Michael; Bayerische Kunstdenkmale V, Lkr. Kempten, München 1959, S. 26 ff.
Petzet, Michael; Bayerische Kunstdenkmale VIII, Lkr. Füssen, München 1960, S. 61 ff.
Petzet, Michael; Die Kunstdenkmäler von Schwaben VIII, Lkr. Sonthofen, München 1964, S. 871 ff.
Radlkofer, Max; Die Güsse von Leipheim. In: Ztschr. d. H. V. f. Schwaben und Neuburg 14. Jg. Augsburg 1887, S. 50 ff.
Reißenauer, Franz und Josef Weitzenegger; Schwäbische Akropolis, die Reisensburg. In: Bayerland, Sonderheft: Bayerisches Mittelschwaben Bd. 76/1974, S. 45 f.
Reitzenstein, Alexander Frhr. v.; Reclams Kunstführer I, Bayern, 8. Aufl. Stuttgart 1974.
Schreiner, Klaus; Die Staufer als Herzöge von Schwaben. In: Die Zeit der Staufer, Katalog der Ausstellung, Stuttgart 1977 Bd. III., S. 7 ff.
Silvester, Hans W. und Heinrich Seybold; Augsburg, die Stadt des Pyrs und Reichsadlers, Augsburg 1963.
Steichele-Schröder; Das Bistum Augsburg, Augsburg Bd. II/1864, Bd. V/1895, Bd. VI/1896—1904 — Amerdingen IV/S. 593 ff., Blumenthal II/S. 196 f., Harthausen V/S. 422 ff., Jettingen V/S. 660 ff., Leipheim V/S. 551 ff., Neuburg a. K. V/S. 374 ff., Reisensburg V/S. 270 ff., Waal VI/S. 578 ff.
Tapeten, ihre Geschichte bis zur Gegenwart. Bd. I Tapeten Geschichte, Hrsg. Heinrich Olligs, Braunschweig 1970, S. 231 ff., Abb. 168, 169.
Tucher, Albrecht Frhr. von; Leitheim ein geistliches Lustschloß der Barockzeit. In: Der Daniel, 7. Jg. 1971 H. 1.
Wunder, Gerd; Die Schenken von Stauffenberg, eine Familiengeschichte, Stuttgart 1972 = Schriften zur südwestdeutschen Landeskunde 11.
Zelzer, Maria; Geschichte der Stadt Donauwörth, Bd. I., Donauwörth 1965, S. 301 ff.
Zirkel, Heinrich; Die Geschichte der Herrn von Hürnheim im Überblick. In: Der Daniel, 4. Jg. 1968, H. 2.
Zirkel, Heinrich; Harburg und Flochberg. In: Der Daniel, 5. Jg. 1969, H. 3.
Zirkel, Heinrich: Wie Wallerstein und Alerheim Lehen des Hochstifts Eichstätt wurden. In: Der Daniel 7. Jg. 1971, H. 4, S. 11.

Ortsregister

Personenregister

Abkürzungen

A = Architekt, B = Bildhauer, Bf = Bischof, Bm = Bistum, Bmr = Baumeister, dt = deutsch, F = Fürst, Fa = Fürstabt, Frh = Freiherr, G = Graf, H = Herren, Hot = Hochstift, Hzg = Herzog, Kai = Kaiser, Kf = Kurfürst, Kö = König, M = Maler, Mg = Markgraf, Mm = Maurer, Pfg = Pfalzgraf, Ri = Ritter, St = Stukkator, Ste = Stecher, Sti = Stift, Stm = Steinmetz, Z = Zimmermann.

Abbildungsnachweis

Schwarzweißabbildungen:
Archiv: 5, 15, 19, 20, 24, 29, 31, 33, 42, 44, 48, 51, 60, 63, 65, 68, 72, 82, 88, 92, 95, 99, 103, 111, 119
Lala Aufsberg Sonthofen: 93, 94
Bavaria-Verlag, Gauting: 35
Bayerisches Landesamt für Denkmalpflege, München: 58, 66
Mauritius-Verlag, Mittenwald: 26 (Holder)
Werner Meyer München:
1–4, 6–14, 16–18, 21–23, 25, 27, 28, 30, 32, 34, 36, 37, 39–41, 43, 45–47, 49, 50, 52–57, 59, 61, 62, 64, 67, 69–71, 73–76, 78–81, 83–87, 89–91, 96–98, 100–102, 104–110, 112–118, 120, 122
Schloß Nymphenburg, Museumsabteilung, München: 121
Oberkonservator Dr. Miller, Bayerische Schlösserverwaltung, München: 38

Farbtafeln:
Bavaria-Verlag, Gauting: Tafel 3 (Dieter Seibert)
Luftbild Klammet & Aberl, Germering: Tafel 1 (Freigeg. v. d. Regierung Oberbayerns Nr. G 43/257)
Mauritius-Verlag, Mittenwald: Tafeln 8 (Dohnacker)
Werner Meyer, München: Tafeln 2, 4, 5, 7
A. Frh. v. Tucher, Leitheim: Tafel 6